Vegetationseinheiten der alpinen Höhenstufen

Die **Felsstufe** ist arm an höheren Pflanzen; sie wurzeln spärlich in Spalten der Wand, auf den dachgiebelartig geformten Graten sowie, etwas dichter, auf den stufenartig getreppten Felsbändern.

Am Fuß sammelt sich Felsschutt aus abbrechenden Gesteinstrümmern, entweder bald überdeckt bzw. weiterrutschend ("Kriechschutt") oder festliegend ("Ruheschutt") und allmählich zu Erde verwitternd. – Vom kantigen Schutt unterscheidet sich das (durch fließendes Wasser "gerollte") Geröll mit abgeschliffen-stumpfer Rundung.

Die anschließenden **Matten** sind mehr oder weniger steinige (auch grobsteinige) Böden, auf denen Gräser und krautige Pflanzen wachsen. Starker Niederschlag wäscht oft Nährsalze aus, so daß (nährstoffarme) Magerrasen entstehen (Gegensatz: nährstoffreich = fett).

Schneetälchen sind kleine Mulden oder Rinnen, in denen sich Schnee anhäuft, lange bleibt und für gute Durchfeuchtung im Frühjahr sorgt. Nach unten kommen Kriech- und Zwergsträucher dazu. Strauchvegetation heißt "Heide", also Zwergstrauchheide. Die geht über in die Zone der

"Liegenden Bäume", der Legföhren- oder **Krummholzstufe**. Wo es sehr feucht ist und die Kälte zu Tal sinkt, in den Rinnen und Runsen, ist es meist für Holzgewächse zu frostig. Dort gedeiht die Hochstaudenflur, hohe, mehrjährige Krautgewächse, die im Herbst bis zum Boden absterben und unterirdisch (meist mit Wurzelstöcken) überwintern.

Unter der Krummholzstufe beginnt die **Waldstufe**, zuoberst Nadelwald mit Lärchen, (einige Arten) Kiefern, Fichten und Tannen; der Tannen-/Buchenwald und der anschließende natürliche Laubwald leiten in das Alpenvorland über, das landwirtschaftlich stark genützt wird.

Besonders aus Wald- und Krummholzstufe wurden durch Rodung Viehweiden geschaffen (Almen), auf denen sich die naturnahe Vegetation stark verändert hat. An Tränken, wo das Vieh besonders lange verweilt, düngt es auch intensiv; der Stickstoff wird in die muldentieferen Stellen dieser "Viehläger" eingeschwemmt. Dort wächst die Lägerflur, die sich aus manchen Vertretern der Hochstaudenflur (s.o.) und weiteren nitratsalzliebenden Pflanzen zusammensetzt.

Es ist zu beachten, daß die Stufengrenzen am Nordhang (und in den Nordalpen) niedriger liegen als am Südhang (und in den Südalpen).

Aichele • Schwegler

Blumen der Alpen

Über 500 Arten, und 500 Farbfotos

KOSMOS

Bildnachweis

Mit 528 Farbfotos von D. und O. Aichele (107), C. und W. Baitinger (2),
H. Bechtel (3), F. Büttner (15), W. Enderle (3), R. Fiebrandt (1),
E. Garnweidner (32), J. Gilliéron (6), M. Haberer (4), E. Humperdinck (1),
F. Jantzen (2), G. Jurzitza (1), P. Kohlhaupt (147), H. Kretschmer (1),
H. E. Laux (22), E. Müller (14), T. Marktanner (4), H. Reinhard (13),
R. Riegg (3), W. Sahm (1), D. und W. Schacht (12), J. Schimmitat (63),
P. Schönfelder (33), H. Schrempp (31), W. Zepf (2), P. Zeininger (4) und
L. Zier (1).

Die Alpenkarte auf der hinteren Umschlagsklappe zeichnete K. Meier.

Das große Bild auf Seite 2 und 3 ist von sunset man – fotolia.com

Impressum

Umschlaggestaltung von eStudio Calamar, unter Verwendung von zwei
Aufnahmen von Eckhard Pott (Alpenlandschaften) und Gartenschatz,
Stuttgart (Kochs Enzian) sowie drei Aufnahmen auf der Umschlagrückseite
von Roland Spohn (Großblütiger Enzian, links und Alpenaurikel, rechts) und
Sauer/Hecker (Christrose).

Unser gesamtes lieferbares Programm und viele
weitere Informationen zu unseren Büchern,
Spielen, Experimentierkästen, DVDs, Autoren und
Aktivitäten finden Sie unter **www.kosmos.de**

Gedruckt auf chlorfrei gebleichtem Papier

5. Auflage
© 2010, Franckh-Kosmos Verlags-GmbH & Co. KG,
Stuttgart
Alle Rechte vorbehalten
ISBN: 978-3-440-12440-6
Lektorat: Rainer Gerstle, Alke Rockmann, Carsten
Vetter
Produktion: Johannes Geyer
Printed in Italy / Imprimé en Italie

Vorwort

Will man Pflanzen an ihrem Wuchsort identifizieren, sollte man das Bestimmungsbuch zur Hand haben. Es muß also handlich und leicht sein, damit man es in jede Tasche stecken und mitnehmen kann. In keiner Landschaft ist dies so nötig wie im Gebirge. Deshalb haben wir dieses Buch geschrieben. Trotz seines vergleichsweise geringen Umfangs enthält es 528 Arten. Es ist für alle jene gedacht, die nicht Fachbotaniker sind. Sie wissen nicht, welche der Blumen, die sie auf ihren Wanderungen finden, Alpenpflanzen im engeren Sinne sind und welche auch im Vorland oder in den Mittelgebirgen wachsen. Sie wollen kennenlernen, was sie finden. Daher haben wir die Arten aufgenommen, die verbreitet in den Alpen anzutreffen sind. Andererseits haben wir uns bemüht, aus den verschiedenen Regionen die charakteristischen Arten abzubilden und zu beschreiben, auch wenn sie nur selten vorkommen, damit erkannt werden kann, was auf Wanderungen üblicherweise vom Tal bis zur Schneegrenze blühend gefunden wird.
Die Alpen sind kein einheitlicher Lebensraum. Manche Arten brauchen z.B. kalkhaltige Böden, andere meiden Kalk und gedeihen auf sauren Böden, wie sie über kristallinen Gesteinen ausgebildet sind. Manche Arten besiedeln nur die westlichen oder nur die östlichen Teile der Alpen, manche nur die nördlichen, zentralen oder südlichen Ketten. Da durch die Art der Darstellung der Platz für Text beschränkt ist, stellen wir die Verbreitung symbolisch dar

 (siehe auch letzte Seite).

Wir haben die Alpen in drei Querreihen (von oben: nördliche, zentrale und südliche Ketten) gegliedert. Diese Querreihen sind durch einen Längsstrich in westliche und östliche Alpen getrennt. Pflanzen halten sich in ihren Arealen nicht an Linien, die man exakt auf der Karte angeben oder in ein Symbol allgemeingültig einarbeiten kann. Für manche Arten ist eine gedachte Linie zwischen etwa Arlberg und Tonalepaß die Ost- bzw. die Westgrenze ihres Verbreitungsgebiets. Dieser Grenze entspricht unsere Trennlinie. Bei anderen Arten könnte man die Grenze vom Bodensee zum Comersee ziehen. Weil beide Linien ziemlich nahe beieinander liegen, haben wir sie nicht unterschieden. Typische Westalpenpflanzen kommen häufig nur bis ins Wallis nach Norden und bleiben westlich der Linie Brig – Lago Maggiore. Darauf haben wir meist im Text verwiesen. Wo eine Art ausgedehntere Vorkommen hat, sind die entsprechenden Felder schwarz, wächst sie nur in kleineren Gebieten, symbolisiert dies ein Punkt. Der Buchstabe **K** bedeutet: wächst auf kalk- und dolomithaltigem Boden; **U** steht für „Urgestein", wie man kristalline Gesteine, wie Granite, Gneise oder kristalline Schiefer zuweilen nannte. In Kalkgebieten bezeichnet es entkalkte, oberflächlich versauerte Standorte.
Die Pflanzen der Alpen sind vielerorts durch Kultureinflüsse bedroht. Manche Arten sind regional gesetzlich geschützt. Das haben wir durch ein Symbol (∇) gekennzeichnet. Wir meinen indessen, daß Verordnungen nur den allernötigsten Schutz bieten. Wir sind sicher, daß Pflanzenfreunde allen Gewächsen den Schutz angedeihen lassen, ohne den bald zerstört sein würde, was wir lieben: unsere Flora.

Hinweise zur Bestimmung der Pflanzen

Die Pflanzen werden nach der altbewährten und ständig verbesserten KOSMOS-Methode identifiziert, die zwar zwischenzeitlich schon oft kopiert, aber in ihrer ausgefeilten Perfektion und Einfachheit nicht erreicht wurde. Diese Bild-Such-Methode mit Farb- und Form-Vorwahl führt in den allermeisten Fällen zum raschen Erfolg.
Man benötigt dazu nur zwei, in aller Regel gut erkennbare und damit leicht feststellbare Daten der gesuchten Pflanze:
die Blütenfarbe (Hauptfarbe der Blüte) und
den Blütentyp; hierbei unterscheiden wir

 strahlig symmetrische Blüten mit bis zu 4 Blütenblättern (oder Zipfeln)

 strahlig symmetrische Blüten mit 5 Blütenblättern (oder Zipfeln)

 strahlig symmetrische Blüten mit über 5 Blütenblättern (oder Zipfeln), zu denen wir auch die Korbblütengewächse stellen, die der Anfänger intuitiv hier einordnet, der Fortgeschrittene aber sofort erkennt

 zweiseitig symmetrische Blüten jeder Bauart

Innerhalb der Farbgruppen sind die Typen in dieser Reihenfolge angeordnet.

Man vergleiche dann die Bilder auf den wenigen infrage kommenden Doppelseiten mit der gefundenen Pflanze. So gelingt die Identifizierung in kürzester Zeit. Der beigegebene Text und die einprägsamen Symbole geben dann die letzte Gewissheit. Man achte besonders auf das Verbreitungssymbol: Der eigene geographische Standort ist ja meist bekannt und lässt sich so leicht der Grobgliederung der Alpen zuordnen (Ost-West; Nord-Mitte-Süd; siehe auch Vorwort und Alpenkarte auf der letzten Seite). Aus der Symboldarstellung kann sofort ersehen werden, ob die ermittelte Pflanze im betreffenden Gebiet überhaupt vorkommt. Trifft dies zu, ergibt dies eine weitere Sicherheit für die Richtigkeit der Bestimmung.
In einigen Fällen kann es bei der Festlegung der Blütenfarbe Zweifel geben, weil die Blütenfarbe beim Altern umschlägt (Sterbefarbe) oder auch, weil sie je nach Standort mehr dem einen oder dem anderen Farbtyp zuneigt.
Dies gilt besonders für Blau/Violett/Rot, Grün/Weiß/Gelb und Gelb/Orange/Rot. Kommt man hier einmal nicht gleich zum Ziel, versuche man es mit der anderen Farbe. Wenn möglich, sollte man am Standort mehrere Blüten derselben Art untersuchen. Dann sind solche Zweifelsfälle wirklich selten.

Hinweise zum Gebrauch des Textes

Der Text beginnt mit dem deutschen Namen der betreffenden Art. Sehr bekannte Pflanzen haben allerdings eine Vielzahl lokaler Bezeichnungen. Wir haben uns für einen der gebräuchlichsten Namen entschieden. Dies schließt jedoch leider nicht aus, dass eine Art von Ort zu Ort unter ganz anderen Namen bekannt ist. Zur eindeutigen Festlegung folgt der wissenschaftliche Name. Selbst hier gibt es oft mehrere. Bei der Überarbeitung zur 4. Auflage haben wir uns an die weithin anerkannte Namensgebung von Zander (Handwörterbuch der Pflanzennamen, 17. Aufl. 2002) gehalten.

Die beiden nächsten Namen bezeichnen die Pflanzenfamilie, zu der die betreffende Art gehört. Darauf folgt eine Zeile mit Angaben über die Hauptblütezeit (Ausnahmen davon sind in Einzelfällen möglich) und die durchschnittliche Wuchshöhe (auch hier sind in Extremfällen Über- und Unterschreitungen möglich) sowie die Wuchsform. Hierbei bedeutet:
- ☉ Einjähriges Kraut (stirbt nach der ersten Blüte ab)
- ☉ Zweijähriges Kraut (stirbt nach der ersten Blüte ab)
- ♃ Staude (blüht und sproßt viele Jahre nacheinander)
- ♄ Holzgewächs (oberirdische Teile überleben die Winter)

Das darunterliegende Schnellinformationsband beginnt stets mit dem Symbol für den Blütentyp (Erklärung nebenstehend auf S. 6), also entweder

oder ... oder ... oder ... und endet mit dem Verbreitungssymbol

 (Grobverbreitung, siehe Vorwort und letzte Seite).

Gegebenenfalls sind dazwischen weitere Symbole eingefügt:

 Pflanze schutzwürdig (siehe Vorwort)

Pflanze giftig

Pflanze schwach giftig oder giftverdächtig

K Pflanze kalkstet (siehe Vorwort)

U Pflanze kalkfliehend (siehe Vorwort)

Unter **B** erfolgt eine kurze Beschreibung der Pflanze mit den wichtigsten Merkmalen. **SV** gibt Auskunft über Standortsanspruch und Verbreitung.

Bestimmungsbeispiel:
Man findet im Juli an der Straße zwischen dem Maloja- und dem Julierpaß eine gelbblühende Pflanze mit 8 schüsselförmig ausgebreiteten Blütenblättern. Man schlägt nun das Buch im gelb gekennzeichneten Bereich auf und sucht die Seiten mit dem Symbol ✿ „strahlig symmetrisch, mehr als 5 Blütenblätter", in diesem Falle   S. 26 – 40.
Beim Durchblättern stellt man fest, daß die Abbildungen auf den zehn hinteren Seiten in keiner Weise der gefundenen Blume entsprechen. Erst im vorderen Bereich stößt man dann auf S. 27, unten, auf eine passende Fotografie. Sie zeigt die Gelbe Alpen-Küchenschelle. Falls Unsicherheit über die Identität besteht, weil die Abbildung auf S. 30, oben (Nelkenwurz), auch noch Ähnlichkeiten aufweist, behebt ein kurzer Textvergleich die letzten Zweifel zugunsten der „Küchenschelle".

Kleine Wiesenraute *Thalictrum minus* Hahnenfußgewächse *Ranunculaceae*

Mai – Aug. 15 – 150 cm ♃

B: Blüten mit 8 – 12 auffallenden Staubblättern. Lockere Rispe. Blätter 3 – 5fach gefiedert. Teilblättchen eirundlich, stumpf gezähnt bis dreilappig, blaugrün.
SV: Bevorzugt warme, trockene, kalkreiche Böden: Halbtrockenrasen, steinige Matten, Trockenwälder. Zerstreut. Bis 2500 m.

Sockenblume *Epimedium alpinum* Sauerdorngewächse *Berberidaceae*

März – Mai 20 – 40 cm ♃

B: Blüten außen grün-rötlich, Stiele drüsig; lockere Rispe. 1 großes, doppelt-dreizähliges Laubblatt; Teilblättchen herzförmig, am Rand gewimpert.
SV: Bevorzugt feuchte Mullböden und Halbschatten: Laubmischwälder, Gebüsche der Südlichen Kalkalpen. Bis 1200 m. Selten.
Auch als Zierstaude in Gärten.

Gelber Alpen-Mohn *Papaver rhaeticum* (*P. alpinum* ssp. *rhaeticum*) Mohngewächse *Papaveraceae*

Juli – Aug. 5 – 20 cm ♃

 K

B: Stengel einblütig. Blüten 4 – 5 cm im Durchmesser, goldgelb. Stengel blattlos, angedrückt borstenhaarig. Grundblätter einfach gefiedert. Weißer Milchsaft.
SV: Wächst auf Gesteinsschutt, der noch nicht zur Ruhe gekommen ist: Kiesbänke, Geröll, Moränen, Schutt. Südalpen. Zerstreut.

Brillenschötchen *Biscutella laevigata* Kreuzblütengewächse *Brassicaceae (Cruciferae)*

Mai – Juli   10 – 30 cm   ♃

B: Blüten hellgelb. Lockere, verzweigte Traube. Frucht brillenartig: 2 kreisrunde Scheibchen. Stengelblätter sitzend, kurzgestielte Grundblätter in Rosette.
SV: Auf sommerwarmen (Kalk-) Steinböden: Felsen, Schutthalden, Steinrasen, Gebüsch. Zerstreut. Bis 3000 m. Sehr formenreich.

Immergrünes Felsenblümchen *Draba aizoides* Kreuzblütengewächse *Brassicaceae (Cruciferae)*

April – Aug.   5 – 15 cm   ♃

  K

B: Blüten goldgelb, um 1 cm im Durchmesser. Stengel aufrecht, blattlos, unverzweigt. Halbkugelige Grundblattrosette. Blätter lineal, dicklich, derb, bewimpert.
SV: Felsspalten, Rasenbänder, Gesteinsschutt, steinige Schneetälchen. Auf Kalk. In den Kalkalpen häufig, sonst selten.

Karawanken-Steinkraut *Alyssum ovirense* Kreuzblütengewächse *Brassicaceae (Cruciferae)*

Mai – Aug.   5 – 15 cm   ♃

 K

B: Blüten gut 1 cm im Durchmesser. Schötchen elliptisch. Stengel wenig verzweigt. Blätter der Grundrosette rundlich, am Stengel länglich; alle graufilzig.
SV: Auf feinerdearmen, heißen Kalkböden: Felsen, Schutthalden, Geröll. Nur in den (Süd-)Ostalpen, von 1800 – 2600 m. Zerstreut.

Alpen-Steinkraut *Alyssum alpestre* Kreuzblütengewächse *Brassicaceae (Cruciferae)*

Juni – Juli 5 – 25 cm ♃

B: Blüten um 5 mm im Durchmesser, sattgelb. Schötchen rundlich. Verzweigter, aufrechter Stengel. Blattrosette. Blätter eilänglich, 5 – 10 mm lang, graufilzig.
SV: Auf flachgründigen, heißen, feinerdearmen Fels- und Steinböden: nur Seealpen bis zum Wallis. Selten. 1500 – 3000 m.

Weiße Zahnwurz *Cardamine enneaphyllos* Kreuzblütengewächse *Brassicaceae (Cruciferae)*

Mai – Juli 20 – 30 cm ♃

B: Blüten 1 – 2 cm lang, blaßgelb. Doldige Traube über einem Quirl von 2 – 4 kurzstieligen, dreiteiligen Laubblättern am sonst blattlosen Stengel. Grundblätter später.
SV: Bevorzugt kalkhaltige, mäßig feuchte Mullböden: Laub- und Mischwälder der östlichen Kalkalpen. Zerstreut. Bis 2000 m.

Farnrauke *Hugueninia tanacetifolia* Kreuzblütengewächse *Brassicaceae (Cruciferae)*

Juni – Aug. 20 – 100 cm ♃

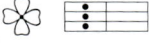

B: Reichblütige, doldige Rispe. Blüten 6 – 8 mm im Durchmesser. Schoten 1 – 1,5 cm lang, fast vierkantig. Stengel beblättert, flaumig. Blätter gefiedert. Teilblättchen gesägt-fiederteilig.
SV: Ufer, Hochstaudenfluren, Lägerfluren. Westalpen bis zum Wallis. 1500 – 2500 m. Zerstreut.

Wechselblättriges Milzkraut
Chrysosplenium alternifolium
Steinbrechgewächse
Saxifragaceae

April – Juni 5 – 20 cm ♃

B: Endständiger, doldenartiger Blütenstand mit gelblichen Hochblättern. Stengel kantig, mit 2 – 3 wechselständigen, rundlichen, kerbig gelappten Blättchen.
SV: Auf nassen, fetten, verdichteten Mull- und Tonböden: Quellfluren, Bachufer, Feuchtstellen. Häufig. Bis gegen 2000 m.

Zypressen-Wolfsmilch *Euphorbia cyparissias* Wolfsmilchgewächse
Euphorbiaceae

April – Mai 15 – 30 cm ♃

B: Doldenartiger, vielstrahliger Blütenstand. Blüten unscheinbar. Halbmondförmige Drüsen am Hüllbecher. Blätter kaum 2 mm breit, bläulichgrün. Weißer Milchsaft.
SV: Trockene Rasen, Matten und Schutthalden, oft auf kalkhaltigen oder nährstoffreichen Böden. Zerstreut. Bis etwa 2500 m.

Echtes Labkraut *Galium verum*
Rötegewächse *Rubiaceae*

Juni – Okt. 15 – 60 cm ♃

B: Viele kleine Blüten in dichten, verzweigten Rispen. Stengel aufsteigend bis aufrecht, rundlich, mit 4 Längsleisten. Blätter nadelförmig, zu 8 – 12 quirlständig.
SV: Auf steinigen bis sandigen, gern sonnigen, trockenen Böden: Matten, Raine, Gebüsche, Waldsäume, seltener (Heide-)Moore. Häufig. Bis gegen 2000 m.

Sumpf-Dotterblume
Caltha palustris Hahnenfußgewächse *Ranunculaceae*

März – Juni 15 – 50 cm ♃

B: Lockerer, gabelig verzweigter Blütenstand. Blüten bis 4 cm im Durchmesser, mit Fettglanz. Blätter nierenförmig, gekerbt.
SV: Liebt nährstoffreiche, grundwasserfeuchte Böden: Naßwiesen, Quellfluren, Gräben, Ufer. In den Alpen zerstreut bis etwa 2200 m, selten etwas darüber.

Brennender Hahnenfuß
Ranunculus flammula Hahnenfußgewächse *Ranunculaceae*

Juli – Okt. 15 – 50 cm ♃

B: Blüten 0,5 – 2 cm im Durchmesser. Stengel flutend, niederliegend oder aufrecht. Alle Laubblätter ungeteilt, schmallanzettlich, untere langgestielt.
SV: Bevorzugt saure, nasse oder öfters überschwemmte Böden: Ufer, Gräben, Sumpfstellen, Moore. Häufig, über 1500 m seltener.

Bastard-Hahnenfuß *Ranunculus hybridus* Hahnenfußgewächse *Ranunculaceae*

Juli – Aug. 5 – 15 cm ♃

B: Blüten 0,5 – 1,5 cm im Durchmesser. Stengel aufrecht, beblättert. Grundblätter nierenförmig, vorne hahnenkammartig gezähnt, blaugrün bereift, derb.
SV: Bevorzugt steinige, sickernasse, stets kalkhaltige Böden: Schutthalden, Felsen, Schneetälchen. Östliche Kalkalpen. Zerstreut.

Kriechender Hahnenfuß *Ranunculus repens* Hahnenfußgewächse Ranunculaceae

Mai – Aug. 15 – 60 cm ♃

B: Blüten 2 – 3 cm im Durchmesser, auf gefurchten Stielen. Stengel niederliegend – aufrecht. Grundblätter dreiteilig, ihr Mittellappen deutlich gestielt.
SV: Auf feuchten, fetten Lehmböden. Nitratzeiger: Unkrautfluren, Ufer, Auen, Wege, nasse Wiesen und Äcker. Häufig. Bis 2400 m.

Zwerg-Hahnenfuß *Ranunculus pygmaeus* Hahnenfußgewächse Ranunculaceae

Juli – Aug. 2 – 6 cm ♃

B: Blüte 0,5 – 1 cm im Durchmesser, einzeln auf bogig aufsteigendem Stengel. An ihm zwei 3- oder 5spaltige Blätter. Grundblätter langstielig, 3 – 5lappig.
SV: Bevorzugt steinige, sickernasse, kalkfreie Böden: Rätische Alpen bis zu den Hohen Tauern. Schneetälchen, Moränen. Sehr selten.

Knolliger Hahnenfuß *Ranunculus bulbosus* Hahnenfußgewächse Ranunculaceae

Mai – Juli 15 – 30 cm ♃

B: Blüte 2 – 3 cm im Durchmesser, mit bis zum gefurchten Stiel zurückgeschlagenen Kelchblättern. Grundblätter dreiteilig mit gestieltem Mittellappen. Stengel am Grund mit einer Knolle.
SV: Kalkhold, wärmeliebend: an Rainen, in Rasen und Wiesen. Bis 1000 m häufig; selten bis 2000 m.

Berg-Hahnenfuß *Ranunculus montanus* Hahnenfußgewächse *Ranunculaceae*

April – Sept.   5 – 25 cm   ♃

  K

B: Blüten 2 – 3,5 cm im Durchmesser, am Stengel 1 – 3 Blüten. Stengel rund. Grundblätter handförmig geteilt; Mittellappen sitzend. Manche Grundblätter wintergrün.
SV: Auf kalkreichen Steinböden: Wiesen, Ufer, Schneetälchen, Felsschutt, Wälder. Kalkalpen häufig, sonst selten. Bis 2500 m.

Scharfer Hahnenfuß *Ranunculus acris* Hahnenfußgewächse *Ranunculaceae*

April – Sept.   15 – 100 cm   ♃

B: Blüte 1 – 2,5 cm im Durchmesser, Stiel ungefurcht. Lockere Rispe. Stengel aufrecht. Grundblätter tief handförmig geteilt, die 5 – 7 Lappen wieder zerspalten.
SV: Bevorzugt nährstoffreiche, etwas feuchte Lehmböden: Wiesen, Weiden, Wegränder. Häufig. In den Südalpen vereinzelt bis 2500 m.

Rosenwurz *Rhodiola rosea* Dickblattgewächse *Crassulaceae*

Juni – Aug.   10 – 35 cm   ♃

B: Dichte, doldenartige Rispe. Blüten eingeschlechtig, oft 4 Blütenblätter, weibliche Pflanzen oft ohne Blütenblätter. Blütenblätter zuweilen an der Spitze rot. Blätter fleischig, flach.
SV: Meist auf kalkarmen, feuchten Böden: Felsen, Felsschutt, Moränen, steinige Matten. Zerstreut zwischen 1000 und 3000 m.

Einjähriger Mauerpfeffer
Sedum annuum
Dickblattgewächse *Crassulaceae*
Juni – Aug. 5 – 15 cm ☉

  U

B: Blüten knapp 1 cm im Durchmesser. Stengel aufrecht, verzweigt. Blätter zahlreich, fleischig, walzlich, stumpf. Alle Sprosse mit Blüten (einjährig!).
SV: Auf trockenen, feinerdearmen Fels- und Steinböden. Kalkscheu: Felsen, Schutt, Geröll, Mauern. Zentralalpen. Bis 2800 m.

Alpen-Mauerpfeffer
Sedum alpestre
Dickblattgewächse *Crassulaceae*
Juni – Aug. 2 – 8 cm ♃

  U

B: Blüten 0,5 – 1 cm im Durchmesser. Stengel aufgebogen, dicht beblättert. Blätter fleischig, walzlich, zuweilen rotbraun überlaufen.
SV: Auf schmelzwasserfeuchten, kalkfreien, steinigen Böden: Felsen, Gesteinsschutt, Schotter, Moränen, Schneetälchen. Zwischen 1500 und 3500 m. Häufig.

Scharfer Mauerpfeffer
Sedum acre
Dickblattgewächse *Crassulaceae*
Juni – Aug. 5 – 15 cm ♃

B: Blüten 1 – 2 cm im Durchmesser, endständig in doldenähnlichem Blütenstand. Blätter dicht, walzlich, fleischig, von scharfem Geschmack (Gift! Nur wenig kauen, niemals schlucken!).
SV: Auf trockenen, steinigen Böden. Kalkhold: Felsen, Steinrasen, Mauern, Bahnschotter. Häufig. Vom Vorland bis über 2000 m.

Felsen-Mauerpfeffer
Sedum reflexum
Dickblattgewächse *Crassulaceae*

Juli – Aug.   3 – 35 cm   ♃

  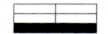

B: Blüten 1 – 1,5 cm im Durchmesser, zitronengelb. Stengel bogig aufsteigend. Blätter fleischig, walzlich, stachelspitzig.
SV: Bevorzugt trockenwarme, nährstoffreiche, kalkarme, steinig-sandige Böden: Trockenrasen, Felsen, Mauern, auch angepflanzt. Südketten bis 2000 m, selten. Sonst wohl nur verwildert.

Kies-Steinbrech *Saxifraga mutata*
Steinbrechgewächse
Saxifragaceae

Juni – Aug.   5 – 50 cm   ☉

B: Blüten grüngelb bis rotorange. Lockere, reiche Rispe. Stengel aufrecht, oben klebrig. Dichte Grundblattrosette. Starr-fleischige, schmale, lineale und vorn bogig abgerundete Blätter.
SV: Auf feuchtschattigen Steinböden. Kalkhold: Felsen, Schutt, Geröll, Kies. Zerstreut im Osten, sonst selten. Bis gegen 2200 m.

Bach-Steinbrech *Saxifraga aizoides* Steinbrechgewächse
Saxifragaceae

Juni – Okt.   3 – 30 cm   ♃

B: Blüten etwa 1 cm im Durchmesser, hellgelb bis gelborange. Blätter lineal, fleischig, starr, kurz stachelspitzig, glänzend.
SV: Auf durchsickerten, steinigen, meist kalkhaltigen oder nährstoffreichen Böden: Schutt, Geröll, Kiesbänke, Felsen, feuchte Wiesen. Häufig. Bis 3000 m.

Birnmoos-Steinbrech *Saxifraga bryoides* Steinbrechgewächse *Saxifragaceae*

Juli – Aug.   3 – 15 cm   ♃

B: Blüten 1 cm im Durchmesser, weißlichgelb, meist einzeln auf drüsigem Stiel. Blätter steif, lineal, grannig spitz. Polster aus dichtbeblätterten Sprossen.
SV: Auf kalkarmen, feuchten Steinböden: Felsen, Ruheschutt, Rasen. Zentralalpen; erst ab 2000 bis 4000 m häufiger.

Seguiers Steinbrech
Saxifraga seguieri
Steinbrechgewächse
Saxifragaceae

Juli – Aug.   1 – 5 cm   ♃

B: Blüten kaum 1 cm im Durchmesser, hellgelb. Lockere, rasige Polster. Blätter langspatelig, flach, ganzrandig, schütter drüsig behaart.
SV: Auf kalkfreiem, selten kalkarmem, feuchtem Fels- oder Steinboden: Felsen, Steinschutt, Schneetälchen. Zerstreut. Bis 3000 m.

Mauerpfeffer-Steinbrech
Saxifraga sedoides Steinbrechgewächse *Saxifragaceae*

Juni – Aug.   2 – 5 cm   ♃

B: Blüten kaum 1 cm im Durchmesser, zitronengelb. Sehr lockere Polster. Blätter lanzettlich, mit Stachelspitze, ganzrandig, flach, drüsig behaart.
SV: Auf kalkhaltigem, feuchtem Steinboden: Felsspalten, Felsschutt. Östlich Comer See/Königssee. Zerstreut. 1600 – 2800 m.

Blattloser Steinbrech *Saxifraga aphylla* Steinbrechgewächse *Saxifragaceae*

Juli – Aug.   1 – 5 cm   ♃

  K

B: Blüten um 0,5 cm im Durchmesser, blaßgelb. Lockere Polster aus liegenden, beblätterten Trieben. Blütenstiele blattlos, bis 10 cm hoch. Blätter schmalspatelig, vorn mit 3 – 5 Zipfeln.
SV: Auf grobem, noch bewegtem Kalkschutt östlich Vierwaldstätter/Comer See. Zerstreut. Bis 3000 m.

Moschus-Steinbrech *Saxifraga moschata* Steinbrechgewächse *Saxifragaceae*

Juli – Aug.   1 – 10 cm   ♃

 ▽ **K**

B: Blüten knapp 1 cm im Durchmesser, grüngelb. Stengel 1 – 5blütig, beblättert. Dichte Polster. Blätter lineal, ungeteilt oder vorn mit 2 – 3 Zipfeln.
SV: Felsspalten und grober Ruheschutt. Feuchte- und kalkhold. Häufig. Von 1200 – 4000 m. Sehr vielgestaltig. Andere ähnliche Arten.

Berg-Nelkenwurz *Geum montanum* Rosengewächse *Rosaceae*

Mai – Juli   5 – 40 cm   ♃

B: Blüten 2 – 4 cm im Durchmesser, goldgelb, meist einzeln am Stengel. Stengel behaart. Grundblätter rosettig, kurz gestielt, gefiedert. Endblättchen am größten. Fiedern gekerbtgezähnt.
SV: Meist auf kalkfreien, steinigen Böden: Zwergstrauchheiden, Weiden. In den Zentralalpen häufig, sonst zerstreut. 1000 – 3000 m.

Gelbling *Sibbaldia procumbens*
Rosengewächse *Rosaceae*
Juni – Sept.   2 – 10 cm   ♃

B: Blütenblätter kleiner als die Kelchblätter. Armblütige Rispe. Stengel niederliegend bis aufsteigend. Grundblätter 3zählig, Teilblättchen vorn 3zähnig.
SV: Auf feuchtsauren Lehm- und Steinböden: Schneetälchen, Felsbänder, Schutt, Magerrasen. Zentralalpen häufig, Kalkalpen seltener. Meist 2000 – 3000 m.

Großblütiges Fingerkraut
Potentilla grandiflora
Rosengewächse *Rosaceae*
Juni – Juli   10 – 30 cm   ♃

B: Blüten 2 – 3 cm im Durchmesser, goldgelb. Stengel vielblütig, behaart. Grundständige Blätter auf langen, behaarten Stielen, dreiteilig. Teilblättchen gekerbt-gezähnt. Blätter früh absterbend.
SV: Auf kalkarmen, nährstoffreichen Lehmböden: Matten. In den Zentralalpen häufig, sonst selten.

Hochgebirgs-Fingerkraut
Potentilla frigida Rosengewächse
Rosaceae
Juli – Aug.   2 – 10 cm   ♃

B: Blüten um 1 cm im Durchmesser, hellgelb. Stengel 1 – 3blütig. Blätter kurz gestielt, zottig-klebrig behaart, 3teilig. Teilblättchen ringsum gezähnt.
SV: Trockene, meist kalkfreie, magere Steinböden: Felsen, Schutt, Steinrasen. Zentralalpen. Zerstreut zwischen 2500 und 3500 m.

Zottiges Fingerkraut
Potentilla crantzii Rosengewächse
Rosaceae

Juni – Sept.   5 – 20 cm   ♃

B: Blüten 1 – 2,5 cm im Durchmesser, goldgelb. Stengel 2 – 8blütig. Grundblätter kurz gestielt, 5teilig gefingert. Teilblättchen mindestens ab der Mitte stumpf gezähnt, oben anliegend, unten abstehend behaart.
SV: Trockene, meist kalkhaltige Böden: Grate, Matten. Häufig, zwischen 1000 und 3500 m.

Gold-Fingerkraut *Potentilla aurea*
Rosengewächse *Rosaceae*

Juni – Sept.   5 – 25 cm   ♃

B: Blüten 1 – 2,5 cm im Durchmesser, goldgelb. Stengel 1 – 5blütig. Grundblätter meist 5teilig gefingert. Teilblättchen vorne etwas gezähnt, oben kahl, am Rand und unterseits seidig behaart.
SV: Nicht zu trockene, meist kalkarme Lehmböden: Weiden, Rasen, Matten. In den Zentralketten häufig. 1000 – 3000 m.

Berg-Hartheu *Hypericum montanum* Hartheugewächse *Hypericaceae*

Juni – Aug.   30 – 60 cm   ♃

  K

B: Blütenstand doldenartig. Blüten um 2 cm im Durchmesser. Kelchblätter am Rand schwarzdrüsig. Stengel rundlich. Blätter gegenständig, eiförmig, am Grunde herzförmig, ungestielt.
SV: Auf nährstoff- und kalkreichen Böden: Gebüsche, Wälder. Wärmeliebend, nur in Laubwäldern bis etwa 1500 m. Zerstreut.

Alpen-Sonnenröschen *Helianthemum oelandicum* ssp. *alpestre*
Zistrosengewächse *Cistaceae*

Juni – Aug.   5 – 15 cm   ♃

B: 1 – 5blütige, endständige Traube. Blüten 1 – 2 cm im Durchmesser. Stengel niederliegend, kurz- und vielästig; Wuchs polsterig. Blätter lineal-lanzettlich.
SV: Auf sonnigen, lockeren Kalkböden: Zwergstrauchheiden, Fels, Schutthalden. Auf Kalk zerstreut, sonst selten. 1000 – 2800 m.

Gelbes Sonnenröschen
Helianthemum nummularium
Zistrosengewächse *Cistaceae*

Juli – Okt.   15 – 30 cm   ♃

B: Wenigblütige, endständige Traube. Blüten 2 – 2,5 cm im Durchmesser. Stengel niederliegend oder aufgebogen. Blätter gegenständig, ganzrandig, schmal elliptisch.
SV: Auf nährstoffreichen, kalkhaltigen Böden: Schutthalden, Matten, Felsspalten. Auf Kalk zerstreut, sonst selten. Bis 2500 m.

Sterndolden-Hasenohr
Bupleurum stellatum Doldengewächse *Apiaceae (Umbelliferae)*

Juli – Aug.   10 – 40 cm   ♃

B: Blütenstand zusammengesetzte Dolde. Hüllblätter blattähnlich; Hüllchen meist stark verwachsen, gelblich. Grundblätter schopfig, kurzgestielt, netznervig; bleiben verdorrt lange erhalten.
SV: Auf kalkarmen Böden: in Steinrasen der West- und Zentralalpen. Zerstreut. 1600 – 2600 m.

Berg-Hasenohr *Bupleurum ranunculoides* Doldengewächse *Apiaceae (Umbelliferae)*

Juli – Aug.   5 – 30 cm   ♃

 K

B: Blütenstand zusammengesetzte Dolde. Hüllblätter blattähnlich, Hüllchenblätter gelblich, auffallender als Einzelblüten. Grundblätter schopfig-rosettig, gestielt, 3 – 5nervig, flach.
SV: Auf steinigen Kalkböden: Matten, Felsen. Zwischen 1500 – 2000 m. Kalkalpen zerstreut, sonst selten.

Wald-Primel *Primula elatior* Primelgewächse *Primulaceae*

März – Mai   15 – 30 cm   ♃

B: Blütenstand doldenartig, einseitswendig. Blütenkrone ausgebreitet um 2 cm im Durchmesser, engglokkig, schwefelgelb. Blätter rosettig, runzelig, gekerbt.
SV: Auf feuchten, nährstoffreichen Lehmböden: Wälder, Bergwiesen, Matten. Bis 2600 m. Häufig. Blüht am selben Standort etwas früher als die folgende Art.

Wiesen-Primel *Primula veris* Primelgewächse *Primulaceae*

März – April   10 – 25 cm   ♃

  K

B: Blütenstand doldenartig, einseitswendig. Blütenkrone ausgebreitet um 1,5 cm im Durchmesser, engglockig, goldgelb, innen mit orangeroten Flecken. Blätter rosettig, grob runzelig, gekerbt.
SV: Auf lockeren, warmen Kalkböden: Laubwälder, Zwergstrauchheiden, Matten. Bis 2000 m. In den Kalkalpen zerstreut, sonst selten.

Alpenaurikel *Primula auricula*
Primelgewächse *Primulaceae*
April – Juni   5 – 25 cm   ♃

B: Blütenstand doldenartig, einseitswendig. Blütenkrone ausgebreitet 1,2 – 2 cm im Durchmesser, sattgelb, am Schlund weißlich-mehlig. Blätter rosettig, kahl, derb-dicklich, oft mehlstaubig.
SV: Auf leidlich feuchten Stein- und Torfböden: Felsen, Steinrasen, Moore. Selten, weiten Gebieten fehlend. Vom Tal bis 2900 m.

Goldprimel *Androsace vitaliana*
Primelgewächse *Primulaceae*
Mai – Juli   1 – 5 cm   ♃

B: Blüten 1 – 1,5 cm im Durchmesser, einzeln in den Achseln der oberen Rosettenblätter. Rosetten in lockeren, kleinen Rasen.
SV: Braucht steinigen, kalkarmen Boden, der lange schneebedeckt sein sollte. Kommt von den Seealpen bis ins Tessin und von Südtirol bis zur Raxalpe an einzelnen Standorten vor. Bis 3000 m.

Steirer Enzian *Gentiana frigida*
Enziangewächse *Gentianaceae*
Juli – Sept.   5 – 15 cm   ♃

B: 1 – 3 endständige Blüten am aufrechten, beblätterten Stengel, gelblich mit blauen Streifen. Blätter lanzettlich, fleischig, untere kurz gestielt.
SV: Auf kalkarmen Steinböden: Felsen, steinige Matten. Karpatenpflanze mit Vorposten in den Niederen Tauern und Eisenerzer Alpen. Selten. 2000 – 2500 m.

Gelber Enzian *Gentiana lutea*
Enziangewächse *Gentianaceae*

Juni – Aug. 40 – 140 cm ♃

B: 3 – 10 Blüten büschelig in den Achseln schalenförmiger Tragblätter. Blüten tief 5 – 6teilig, 3 – 4 cm lang. Blätter gegenständig, parallelnervig, breiteiförmig.
SV: Auf nährstoffreichen Böden: Bergwiesen, Matten, Zwergstrauchheiden, Schutthalden, Schneetälchen. Zwischen 1000 und 2500 m. Zerstreut, oft bestandsbildend.

Alpen-Wachsblume *Cerinthe glabra* Borretschgewächse *Boraginaceae*

Mai – Juli 30 – 50 cm ♃

B: Dichter, überhängender, traubigdoldiger Blütenstand. Blütenblattzipfel gelb-grün mit rotem Fleck. Ganze Pflanze kahl, bläulich bereift. Blätter eilänglich.
SV: Nährstoffzeiger; kalkhold und feuchtebedürftig: Unkrautfluren, Viehläger, Weiden, Bachgestrüpp. Kalkalpen, östlich bis Tirol. Selten. 1000 – 2500 m.

Schwarze Königskerze
Verbascum nigrum Braunwurzgewächse *Scrophulariaceae*

Juni – Sept. 30 – 100 cm

B: Dichte, oft verzweigte Traube. Blüten 1,5 – 2,5 cm im Durchmesser. Wollhaare der Staubfäden violett. Stengel aufrecht. Blätter länglich-eiförmig, behaart.
SV: Auf nährstoffreichen, eher kalkarmen Böden: Wegraine, Ödland, Gerölle, Ufer. Bis etwa 1500 m. Zerstreut, örtlich selten.

Blaue Heckenkirsche *Lonicera caerulea* Geißblattgewächse *Caprifoliaceae*

Mai – Juli 60 – 120 cm ♄

B: Blüten in mageren Büscheln blattachselständig: je 2 auf gemeinsamem Stiel mit verwachsenen Fruchtknoten, nickend, bis 2 cm lang. Blaue (Doppel-)Beeren.
SV: Halbschattenstrauch auf magerem, feuchtsaurem Rohhumus: Nadelwälder, Gebüsche. Zerstreut, im Osten seltener. Bis 2500 m.

Echter Speik
Valeriana celtica
Baldriangewächse *Valerianaceae*

Juli – Aug. 5 – 15 cm ♃

B: Blütenstand aus 2 – 6 quirligen Teilblütenständen. Blüten um 5 mm im Durchmesser, hellgelb, außen oft rötlich überlaufen. Grundblätter schmal oval, glänzend, ganzrandig, Stengelblätter schmäler und kleiner.
SV: Auf kalkarmen Steinböden: Matten, Felsspalten; zwischen 1800 und 3000 m. Selten.

Strauß-Glockenblume
Campanula thyrsoides Glockenblumengewächse *Campanulaceae*

Juli – Sept. 10 – 50 cm ☉

B: Stattliche dichtkolbige Ähre an der Spitze des aufrechten Stengels. Ganze Pflanze behaart. Blätter länglich lanzettlich, mit welligem Saum, ganzrandig.
SV: Auf nährstoffreichen, steinigen Kalkböden: Felsen, Matten, Geröll. Bevorzugt in den Kalkalpen. Sehr zerstreut. Bis 2500 m.

Kelch-Simsenlilie
Tofieldia calyculata
Liliengewächse *Liliaceae*
Mai – Juli   10 – 30 cm   ♃

 K

B: Endständige, kurze Traube. Blüten um 1 cm im Durchmesser. Blütenblätter schmal. Stengel aufrecht, wenig beblättert. Grundblätter grasartig, zweizeilig.
SV: Auf nährstoffarmem, meist kalkhaltigem Sumpfboden: Flachmoore, Sumpfwiesen, Magerrasen. Bis über 2000 m. Zerstreut.

Sumpf-Simsenlilie *Tofieldia pusilla* Liliengewächse *Liliaceae*
Juli – Aug.   5 – 15 cm   ♃

 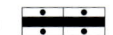

B: Endständiges, bis 1 cm langes Köpfchen. Blüten weißlich-gelb. Stengel nur unten beblättert. Blätter grasartig, kurz zugespitzt, zweizeilig gestellt.
SV: Auf nassen, oft kalkhaltigen Sand- oder Torfböden: Schneetälchen, Quellmoore. Selten. Bevorzugt in den mittleren bis östlichen Silikatalpen. Bis 2700 m.

Allermannsharnisch
Allium victorialis Liliengewächse *Liliaceae*
Juli – Aug.   30 – 60 cm   ♃

  U

B: Blüten stehen in kugeliger Dolde (Durchmesser bis 5 cm). Blüten unscheinbar, gelblich-weiß. 2 – 3 Laubblätter in der unteren Stengelhälfte, 2 – 5 cm breit.
SV: Auf nährstoffreichen, lockeren, steinigen, kalkarmen Böden: Bergwiesen, Latschengebüsch, Felsen. 1000 – 2500 m. Selten.

Alpen-Goldstern *Gagea fragifera*
Liliengewächse *Liliaceae*
Mai – Juli 10 – 15 cm ♃

B: Am Ende des aufrechten, blattlosen Stengels 1 – 5 gestielte Blüten doldenartig zwischen 2 scheidigen Tragblättern. 1 – 2 dünne, röhrige Grundblätter.
SV: Auf kalkarmen, feuchten und nährstoffreichen Böden: Düngerzeiger. Zerstreut, aber großräumig auch fehlend (Kalkalpen, Ost-Zentralalpen). 1000 – 2400 m.

Gelbe Narzisse *Narcissus pseudo-narcissus* Amaryllisgewächse *Amaryllidaceae*
März – Mai 10 – 30 cm ♃

    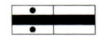

B: „Narzissenblüte" mit sattgelber Nebenkrone. 3 – 6 grundständige, grasartige, um 1 cm breite, bläulichgrüne Blätter.
SV: Auf nährstoffreichen, meist kalkarmen, eher feuchten Böden: Bergwiesen, Gebüsche, Wälder. Westalpen westlich Bodensee/Gardasee. Bis 1500 m. Zerstreut.

Gelbe Alpen-Küchenschelle *Pulsatilla alpina* ssp. *apiifolia* Hahnenfußgewächse *Ranunculaceae*
Mai – Juli 10 – 30 cm ♃

B: Blüten 3 – 7 cm im Durchmesser, einzeln, gestielt, auf zottig behaartem Stengel, der mit einem Laubblattquirl abschließt. Grundblätter mehrfach zerteilt.
SV: Liebt kalk- und nährstoffarme Böden: Magerwiesen, Steinrasen, Gebüsch. Fast nur in den Zentralalpen von 1500 – 2700 m.

Trollblume *Trollius europaeus*
Hahnenfußgewächse
Ranunculaceae

Mai – Juni 30 – 50 cm ♃

B: Blüten meist einzeln. 6 – 15 Blütenblätter bilden eine geschlossene Kugel von etwa 3 cm Durchmesser. Blätter handförmig geteilt.
SV: Auf nassen, humusreichen Böden: Bergwiesen, Hochstaudenfluren, Gräben, Flachmoore. Örtlich bestandbildend. Bis über 2000 m. Häufig, in den Zentralalpen etwas seltener als in den Kalkalpen.

Berberitze *Berberis vulgaris*
Sauerdorngewächse
Berberidaceae

Mai – Juni 1 – 3 m ♄

B: Halbkugelige Blüten in hängenden Trauben aus beblätterten Kurztrieben. Diese in den Achseln langer einfacher oder 3teiliger Dornen. Beere rot, länglich-eiförmig.
SV: Kalkhold. Auf warmen, nährstoffreichen Lehmböden: Steppenheiden, Gebüsche. Zerstreut, bis 2300 m. An heißen Hängen (Wallis) extrem dornig, Trauben aufrecht.

Serpentin-Hauswurz
Sempervivum pittonii
Dickblattgewächse *Crassulaceae*

Juli – Aug. 5 – 15 cm ♃

B: 5 – 15 Blüten stehen in doldiger, kurzstieliger Traube am Stengelende, Blütendurchmesser 1 – 3 cm. Blüten hellgelb, Staubfäden weiß. Grundblätter rosettig, dickfleischig, eiförmig, zugespitzt, graugrün, an der Spitze rötlich, drüsenhaarig.
SV: Nur im Murtal auf Serpentin.

Großblütige Hauswurz
Sempervivum grandiflorum
Dickblattgewächse *Crassulaceae*
Juli – Sept.   10 – 30 cm   ♃

B: Doldige Traube aus 5 – 10 Blüten von 2 – 3 cm Durchmesser. Staubblätter rotviolett. Grundblätter rosettig, fleischig, seegrün, braunspitzig, drüsig.
SV: Auf sonnigen, kalkfreien Steinböden: Felsen, Schutt, Rasen. Selten. Walliser und Grajische Alpen von 1500 – 2500 m.

Gelbe Hauswurz *Sempervivum wulfenii* Dickblattgewächse *Crassulaceae*
Juli – Aug.   10 – 30 cm   ♃

B: Dichte, kopfige Traube. Blüten 2 – 3 cm im Durchmesser. Staubfäden rot. Grundblätter rosettig, dickfleischig, stachelspitzig, blaugrün, nur am Rande gewimpert.
SV: Auf kalkarmen, trockenen Böden: Felsschutt, steinige Matten, Felsen. Vom Bergell bis in die Tauern. Zerstreut. 1800 – 2700 m.

Italienische Hauswurz
Jovibarba globifera ssp. *allioni*
Dickblattgewächse *Crassulaceae*
Aug. – Sept.   10 – 20 cm   ♃

B: Dichte, doldenartige Traube. Blüten bis 4 cm im Durchmesser; Blütenblätter am Rand fransig. Grundblätter rosettig, fleischig, lanzettlich, zugespitzt.
SV: Auf sonnigen Steinböden: Felsen, Matten. 1500 – 2500 m. Selten. Nur in den südlichen Westalpen (im Osten ähnliche Arten).

Kriechende Nelkenwurz *Geum reptans* Rosengewächse *Rosaceae*
Juli – Aug.   5 – 15 cm   ♃

B: Blüten 3 – 4 cm im Durchmesser. Fruchtstand aus zahlreichen Früchtchen mit langem, federig behaartem, rotbraunem Griffel. Grundblätter rosettig, gefiedert. Endblättchen größer, gelappt.
SV: Auf feuchten, kalkarmen, steinigen Böden: Schutthalden und Moränen. 2000 – 3500 m. Kalkalpen selten, Zentralalpen häufig.

Tüpfel-Enzian *Gentiana punctata* Enziangewächse *Gentianaceae*
Juli – Sept.   20 – 70 cm   ♃

B: Blüten glockig, aufrecht, 5 – 8zipflig, am Stengelende kopfig gehäuft. Laubblätter kreuzgegenständig, länglich-eiförmig. Einzelne oder wenige Blüten auch in den Achseln der oberen Blätter.
SV: Auf tiefgründigen, sauren, meist kalkarmen Böden: Matten, Ruheschutt, Zwergstrauchheiden. Zerstreut. 1500 – 3000 m.

Golddistel *Carlina vulgaris* Korbblütengewächse *Asteraceae (Compositae)*
Juli – Sept.   15 – 50 cm

B: 2,5 – 3,5 cm breite Körbchen. Äußere Hüllblätter dornig, innere zungenartig, strohgelb. Nur Röhrenblüten. Frucht mit Haarkranz. Blätter stechend dornig.
SV: Auf nährstoffreichen, warmen Böden: trockene Rasen und Gebüsche. Bis etwa 1800 m. Vor allem in den Kalkalpen. Selten.

Klebrige Kratzdistel *Cirsium erisithales* Korbblütengewächse Asteraceae (Compositae)

Juni – Aug.　　　30 – 120 cm　　♃

B: Körbchen einzeln oder zu 2 – 3 an langen Stielen, nickend, mit klebriger Hülle. Blätter weich, tief fiedrig geteilt, mit dornig gezähnten Abschnitten.
SV: Kalkhold; auf nährstoffreichen, schwach feuchten Böden: Waldsäume, Raine. Bis 2000 m zerstreut. Ost- und Südalpen.

Alpen-Kratzdistel *Cirsium spinosissimum* Korbblütengewächse Asteraceae (Compositae)

Juli – Sept.　　　20 – 80 cm　　♃

B: Mehrere Körbchen kopfig gehäuft am Ende des Stengels, jedes um 2 cm breit und bis 4 cm lang. Gesamtblütenstand inmitten vieler grüngelber, buchtiger, dornig gezähnter Hüllblätter.
SV: Auf stickstoffreichen, feuchten, steinigen Böden: Lägerflur, Schneetälchen, Feinschutt. Zerstreut.

Berardie *Berardia subacaulis* Korbblütengewächse Asteraceae (Compositae)

Juli – Aug.　　　5 – 15 cm　　♃

B: Ein einzelnes Körbchen von 6 – 8 cm Durchmesser, sehr kurz gestielt, inmitten einer Blattrosette. Blätter oval-rundlich, dicht filzig behaart.
SV: Auf steinigen Kalkböden: Felsen, Schutt, steinige Matten. Selten. Nur Südwestalpen, östlich bis Mont Cenis. 1500 – 2800 m.

Huflattich *Tussilago farfara*
Korbblütengewächse *Asteraceae (Compositae)*
März – April   10 – 30 cm   ♃

B: Endständiges Blütenkörbchen auf dickem, schuppig beblättertem Stengel. Außen Zungenblüten, innen Röhrenblüten. Körbchendurchmesser um 2,5 cm.
SV: Auf humusarmen, feuchten, rohen Böden: Felsschutt, Ufer, Ödland. Bis 2500 m (dann erst im Mai – Juni blühend). Zerstreut.

Arnika *Arnica montana*
Korbblütengewächse *Asteraceae (Compositae)*
Juni – Aug.   30 – 60 cm   ♃

B: Körbchen einzeln am Ende des Stengels, 5 – 7 cm im Durchmesser. Außen Zungen-, innen Röhrenblüten. Stengelblätter 1 – 2 Paar; gegenständig. Grundblattrosette.
SV: Auf sauren, lockeren Lehmböden: Moore, Wiesen, lichte Gehölze. Kalk- und düngerfliehend. Zerstreut bis 2800 m.

Österreichische Gemswurz
Doronicum austriacum
Korbblütengewächse
Asteraceae (Compositae)
Juli – Aug.   30 – 150 cm   ♃

B: 2 – 20 Blütenkörbchen mit 5 – 7 cm Durchmesser. Außen Zungenblüten, innen Röhrenblüten. Nur herzförmige Stengelblätter, obere stengelumfassend, kleiner.
SV: Auf feuchten Lehmböden: Hochstaudenfluren, Ufer, Zwergstrauchheiden. 1000 – 2000 m. Ostalpen. Zerstreut, örtlich selten.

Großblütige Gemswurz *Doronicum grandiflorum* Korbblütengewächse *Asteraceae (Compositae)*

Mai – Aug. 10 – 50 cm ♃

 K ━•━•━

B: Meist 1, selten bis 5 Körbchen pro Stengel; Durchmesser 4 – 8 cm. Grundblätter eiförmig, am Grund kaum herzförmig. Stengelblätter teils herzförmig.
SV: Auf feuchten, lockeren Kalkböden: Felsen, Schutt, Schneetälchen. Zerstreut, örtlich massenhaft, von 1200 – 3000 m.

Zottige Gemswurz *Doronicum clusii* Korbblütengewächse *Asteraceae (Compositae)*

Juli – Aug. 10 – 30 cm ♃

B: Meist 1 Blütenkörbchen von 4 – 6 cm Durchmesser am Stengelende. Grund- und Stengelblätter, nicht herzförmig, am Rande kraushaarig, ohne Drüsenhaare.
SV: Auf kalkarmen, steinigen, lange schneebedeckten Böden: Schutthalden, Felsspalten. Zentralalpen. 1800 – 2500 m. Selten.

Feld-Greiskraut *Tephroseris integrifolia* ssp. *capitata* Korbblütengewächse *Asteraceae (Compositae)*

Junl – Aug. 15 – 30 cm ♃

B: 3 – 10 Körbchen doldig-kopfig am Stengelende, Durchmesser 2 – 3 cm. Blätter eiförmig-lanzettlich, graufilzig, untere kurzgestielt, Stengelblätter sitzend.
SV: Auf trockenwarmen Böden mit und ohne Kalk: Matten, Steinrasen von 1800 – 2500 m. Zerstreut. Sehr formenreiche Pflanze.

Gemswurz-Greiskraut *Senecio doronicum* Korbblütengewächse Asteraceae (Compositae)

Juli – Aug. 20 – 50 cm ♃

 K

B: 1 – 8 Körbchen sitzen auf ziemlich langen Stielen am Stengelende, Durchmesser 3,5 – 6 cm. Blätter lanzettlich, grob gezähnt, unterseits graufilzig.
SV: Auf kalkhaltigen, lockeren, steinigen Böden: Zwergstrauchheiden, Matten, Schutthalden, Felsspalten. Zerstreut. 1000 – 3000 m.

Weißgraues Greiskraut *Senecio incanus* Korbblütengewächse Asteraceae (Compositae)

Juli – Sept. 5 – 15 cm ♃

 U

B: 3 – 15 Körbchen traubig-doldig am Stengelende, Durchmesser 1 – 2 cm. Blätter dicht weißfilzig, fiedrig geteilt, Fiedern meist wiederum in Zipfel gespalten.
SV: Auf kalkfreien, steinigen Rohhumusböden: Felsen, Schutt, Matten. Zerstreut. 2000 – 3000 m. 2 Rassen (Ost- und Westrasse).

Einblütiges Greiskraut *Senecio halleri* Korbblütengewächse Asteraceae (Compositae)

Juli – Sept. 5 – 15 cm ♃

 U

B: Nur 1 Blütenkörbchen mit 2 – 3 cm im Durchmesser. Stengel mit fast schuppenartig kleinen Blättern. Blätter beiderseits filzig behaart, schwach fiederteilig.
SV: Auf kalkarmen, steinigen Böden: lückige Matten, Schutthalden, Moränen, Geröll. Westalpen. 2000 – 3500 m. Selten.

Eberrauten-Greiskraut *Senecio abrotanifolius* Korbblütengewächse *Asteraceae (Compositae)*

Juli – Sept.   10 – 40 cm   ♃

B: 2 – 8 Blütenkörbchen locker rispig-doldig am Stengelende, Durchmesser 2,5 – 4 cm, dunkel orangegelb. Blätter (fast) kahl, schmal 1 – 2fach fiederschnittig.
SV: Auf nährstoffreichen Steinböden: Felsschutt, Matten, Latschengestrüpp von 1400 – 2700 m. Selten, gegen Osten häufiger.

Klebriges Greiskraut *Senecio viscosus* Korbblütengewächse *Asteraceae (Compositae)*

Juni – Okt.   15 – 50 cm   ☉

B: Lockere Rispe aus eiförmigen Körbchen. Außen (meist zurückgerollte) Zungenblüten, innen Röhrenblüten. Blütenstand klebrig-drüsig. Blätter fiederteilig.
SV: Auf eher kalkarmen, rohen, steinigen Böden: Ödland, Bahnschotter, Steinschutthalden, Moränen. Vereinzelt bis 2200 m.

Alpen-Greiskraut *Senecio alpinus* Korbblütengewächse *Asteraceae (Compositae)*

Juli – Sept.   20 – 120 cm   ♃

B: 6 – 20 Blütenkörbchen doldenartig am Stengelende, 2 – 3,5 cm Durchmesser. Stengel kantig, die gestielten Blätter herzförmig, am Rand gesägt, unten filzig.
SV: Auf feuchten, nährstoffreichen Lehmböden: Viehweiden, Gebüsch. Oft truppweise. Zerstreut, örtlich selten; 400 – 2200 m.

Rindsauge *Buphthalmum salicifolium* Korbblütengewächse *Asteraceae (Compositae)*

Juli – Aug. 15 – 50 cm ♃

B: Nur 1 endständiges Blütenkörbchen, 3 – 6 cm im Durchmesser. Außen Zungenblüten, innen Röhrenblüten. Blätter wechselständig, lanzettlich, schütter kurzhaarig. Früchte ohne Flughaare.
SV: Auf steinigen Lehmböden: trokkene Rasen, Gebüsche. Kalkalpen zerstreut, Zentralalpen selten.

Echte Goldrute *Solidago virgaurea* Korbblütengewächse *Asteraceae (Compositae)*

Juli – Sept. 6 – 80 cm ♃

B: Wenige bis zahlreiche Blütenkörbchen kopfig-rispig am Stengel, bis 2 cm im Durchmesser. Blätter eiförmig bis schmallanzettlich, wenig behaart.
SV: In Wäldern die hohe Talform häufig. In Heiden und Steinrasen bis 2800 m die gedrungene, großblütige Bergrasse; zerstreut.

Gletscher-Edelraute *Artemisia glacialis* Korbblütengewächse *Asteraceae (Compositae)*

Juli – Aug. 5 – 15 cm ♃

  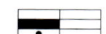

B: 3 – 10 Körbchen in endständigem, dichtem Gesamtblütenstand, um 5 mm im Durchmesser. Blätter grauweiß filzig-seidig, mit dreiteiligen bis dreizipfligen Fiedern.
SV: Braucht kalkarmen, steinigen Boden, erträgt Wind: Felsspalten, Schutthalden, Grate. Westalpen bis zum Simplon. Bis 3200 m. Selten.

Glänzende Edelraute *Artemisia nitida* Korbblütengewächse Asteraceae (Compositae)

Aug. – Sept.   10 – 30 cm   ♃

  K

B: 3 – 10 nickende Körbchen in einseitswendiger Traube, 6 – 8 mm im Durchmesser. Blätter grauweiß filzig-seidig, 1 – 2fach fiederteilig, Zipfel lang und schmal.
SV: Auf Kalk und Dolomit: Fels, Schutt, Steinrasen. Südalpen von der Adda nach Osten. Zerstreut, 1300 – 2000 m, vereinzelt höher.

Echte Edelraute *Artemisia umbelliformis* Korbblütengewächse Asteraceae (Compositae)

Juli – Sept.   10 – 20 cm   ♃

   U

B: 3 – 20 Körbchen in allseitswendiger Traube, 3 – 5 mm im Durchmesser. Blätter graufilzig behaart, doppelt dreiteilig. Fieder nochmals 3 – 5teilig (Stengelblätter).
SV: Auf kalkarmen, steinigen, sonnigen Böden: Schutthalden, Grate, Moränen, steinige Matten. Selten. 1500 – 3200 m.

Schwarze Edelraute *Artemisia genipi* Korbblütengewächse Asteraceae (Compositae)

Juli – Sept.   5 – 15 cm   ♃

  K

B: 5 – 30 Körbchen in durchblätterter, anfangs dichter, nickender, später aufrechter lockerer Ähre; Durchmesser um 3 mm. Blätter seidenhaarig, 2fach 3 – 5teilig.
SV: Auf feuchten, kalkreichen Schiefern der Zentralalpen: Felsen, Felsschutt, 2000 – 3800 m. Zerstreut. Südalpen sehr selten.

Einköpfiges Ferkelkraut *Hypochaeris uniflora* Korbblütengewächse *Cichoriaceae (Compositae)*

Juni – Aug.   30 – 50 cm   ♃

B: Nur 1 Blütenkörbchen am Stengelende, 5 – 7 cm im Durchmesser. Nur Zungenblüten. Stengel steifhaarig. Blätter rosettig, steifhaarig, nie gefleckt, gezähnt.
SV: Auf kalkarmen, aber humosen Böden: Matten, Gebüsche, Zwergstrauchheiden. Zentralalpen zerstreut. Zwischen 1500 – 2500 m.

Herbst-Löwenzahn *Leontodon autumnalis* Korbblütengewächse *Cichoriaceae (Compositae)*

Juli – Okt.   15 – 50 cm   ♃

B: Meist mehrere langgestielte Blütenkörbchen am verzweigten Stengel; Durchmesser 1,5 – 2,5 cm. Grundblätter rosettig, niederliegend, schmal fiederteilig.
SV: Auf stickstoffreichen, kalkarmen Lehmböden: Wiesen, Raine, Viehläger. Häufig. Ab 1600 – 2300 m seltener und oft formverändert.

Schweizer Löwenzahn
Leontodon helveticus Korbblütengewächse *Cichoriaceae (Compositae)*

Juli – Aug.   10 – 30 cm   ♃

  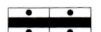

B: Nur 1 Blütenkörbchen am Stengelende, 2 – 3 cm im Durchmesser, Blüten dottergelb. Stengel mit 2 – 4 Schuppenblättern. Grundblätter buchtig gezähnt, lanzettlich.
SV: Auf kalkarmen, humosen, etwas feuchten Böden: Matten, Zwergstrauchheiden. Bis 2500 m. In den Zentralalpen häufig.

Berg-Löwenzahn *Leontodon montanus* Korbblütengewächse *Cichoriaceae (Compositae)*

Juli – Sept.   3 – 15 cm   ♃

 K

B: Nur 1 endständiges Blütenkörbchen auf blattlosem, oben etwas verdicktem Stengel, 2 – 4 cm im Durchmesser. Hülle schwarzzottig. Blätter buchtig gezähnt.
SV: Gern auf frühjahrsfeuchten Feinschuttböden. Nur auf Kalk. Zerstreut von 1800 – 2700 m, örtlich häufig. Pionierpflanze.

Löwenzahn *Taraxacum officinale* agg. Korbblütengewächse *Cichoriaceae (Compositae)*

April – Juli   10 – 60 cm   ♃

B: Nur 1 endständiges Blütenkörbchen auf blattlosem, weitröhrigem Stengel, 2 – 5 cm im Durchmesser. Blätter rosettig, schrotsägezähnig. Weißer Milchsaft.
SV: Auf nährstoffreichen Böden: Bergwiesen, Matten, Ödland. Sehr vielgestaltig, auch ähnliche verwandte Arten. Bis 2500 m. Häufig.

Kleines Habichtskraut *Hieracium pilosella* Korbblütengewächse *Cichoriaceae (Compositae)*

Mai – Okt.   10 – 30 cm   ♃

B: 1 endständiges Blütenkörbchen von 2 – 3 cm Durchmesser. Nur Zungenblüten. Stengel blattlos. Grundblätter oben langhaarig, unten graufilzig. Stets mit Ausläufern.
SV: Auf trockenen, steinigen Böden: Wiesen, Matten, Raine, Gehölz und Felsen. Häufig. Vom Tal bis 3000 m. Formenreich.

Zottiges Habichtskraut *Hieracium villosum* Korbblütengewächse Cichoriaceae (Compositae)

Juli – Aug.   15 – 30 cm   ♃

 K

B: 1 – 4 Blütenkörbchen von 3 – 5 cm Durchmesser. Nur Zungenblüten. Am Stengel 3 – 8 Blätter, eiförmig, sitzend, etwas stengelumfassend, zottig, gewellt.
SV: Auf steinigen, kalkreichen, warmen Böden: steinige Matten, Felsspalten, Felsschutt. 1000 – 2500 m. Kalkalpen zerstreut.

Alpen-Habichtskraut *Hieracium alpinum* Korbblütengewächse Cichoriaceae (Compositae)

Mai – Okt.   10 – 30 cm   ♃

 U

B: Meist nur 1 endständiges Blütenkörbchen, 3 – 4 cm im Durchmesser. Nur Zungenblüten. 0 – 3 Stengelblätter. Grundblätter breitlanzettlich, am Rand behaart.
SV: Auf sauren, kalkarmen Böden: Geröll, Schutt, Steinrasen und -gebüsch. Zentralalpen zerstreut; 1000 – 3000 m; im Westen selten.

Triglav-Pippau *Crepis terglouensis* Korbblütengewächse Cichoriaceae (Compositae)

Juli – Sept.   3 – 10 cm

 K

B: Nur 1 endständiges Blütenkörbchen mit 4 – 5 cm Durchmesser. Stengel auffallend kurz, schütter borstig. Blätter rosettig, fiederspaltig, glänzend.
SV: Auf steinigen, feinerdereichen, humusarmen Böden: ruhende Schutthalden, Felsspalten. Nur auf Kalk. 2000 – 2700 m. Selten.

Zwergorchis *Chamorchis alpina*
Orchideengewächse *Orchidaceae*
Juli–Sept.   5–15 cm   ♃

  K

B: Blüten kaum 5 mm lang, ohne Sporn. Blütenblätter zusammenneigend, Lippe dreieckig, 3–10blütige Ähre, so lang wie die grasartigen, rinnigen Grundblätter.
SV: Kalkhold. Auf lockeren, humosen Steinböden: schüttere Rasen, Felsbänder, Grate. Selten, aber meist truppweise in den Kalkalpen von 1500–2700 m. Frostfest.

Weißzüngel *Pseudorchis albida*
Orchideengewächse *Orchidaceae*
Mai–Sept.   10–30 cm   ♃

  U

B: Blüten kaum 0,5 cm lang, Blütenblätter glöckchenartig zusammenneigend. Lippe dreilappig, mit verlängertem Mittellappen. Sporn walzlich, kurz. 4 und 5 längliche, etwas steife Blätter.
SV: Auf kalkfreien, sauren, moderighumosen Böden: Bergwiesen, Matten. Zwischen 1500 und 2500 m in den Zentralalpen, zerstreut.

Blasses Knabenkraut *Orchis pallens* Orchideengewächse *Orchidaceae*
April–Juni   15–30 cm   ♃

  K

B: Blüten stets (hell)gelb. Lippe schwach dreilappig; Sporn walzlich, waagrecht-aufgebogen. Alle Tragblätter häutig, nie länger als die Blüte.
SV: Auf schwach feuchten, lockeren, humosen Kalkböden: Wälder, Bergwiesen. Bis gegen 1700 m. Selten; eher in den Kalkalpen.

Holunder-Kuckucksblume
Dactylorhiza sambucina
Orchideengewächse *Orchidaceae*
April – Juni   15 – 30 cm   ♃

   U

B: Blüten gelb, seltener rot. Lippe schwach dreilappig, mit walzlichem, abwärts gerichtetem Sporn. Mindestens untere Tragblätter krautig, länger als die Blüte.
SV: Auf trockenen, kalkarmen, nährstoffreichen, lehmigen Böden: Trockenrasen, Wiesen, lichte Wälder. Bis 2000 m. Selten.

Frauenschuh *Cypripedium calceolus* Orchideengewächse *Orchidaceae*
Mai – Juni   15 – 30 cm   ♃

  K

B: Blüte mit großer gelber, aufgeblasener Lippe. Äußere Blütenblätter schmal, rotbraun oder grüngelb. Stengel 1 – mehrblütig. Laubblätter elliptisch, groß.
SV: Nur auf Kalk: in lichten Wäldern, Gebüschen und im Latschengestrüpp. Nördliche und Südliche Kalkalpen. Zerstreut. Bis 1700 m.

Giftheil-Eisenhut *Aconitum anthora* Hahnenfußgewächse *Ranunculaceae*
Juli – Sept.   30 – 100 cm   ♃

   K

B: „Helm" so breit wie hoch. Blüten in einfacher, höchstens unten verästelter Traube. Blätter handförmig geteilt.
SV: Auf kalkhaltigen, warmen Steinböden: Waldsäume, Gebüsch, steinige Hänge. Nur in den Süd- und den äußersten Westalpen, bis 2000 m. Selten.

Wolfs-Eisenhut *Aconitum vulparia*
Hahnenfußgewächse
Ranunculaceae

Juni – Aug.   50 – 150 cm   ♃

B: „Helm" viel höher als breit. Blüten in langgestreckten Trauben. Stengel aufsteigend. Blätter handförmig geteilt mit breiten, grobgezähnten Lappen.
SV: Auf feuchtkühlen, beschatteten, nährstoffreichen Mullböden: Wiesen, Wälder, Staudenfluren. Häufig, meist herdenweise bis 2400 m. Bachbegleiter.

Gelber Lerchensporn
Pseudofumaria lutea Mohngewächse *Papaveraceae*

Mai – Aug.   10 – 30 cm   ♃

 K

B: Einseitswendige, dichte Traube. Blüten bis 2 cm lang, zweilippig, mit kurzem Sporn. Blätter dreizählig gefiedert, Zipfel keilig-eiförmig. Pflanze kahl.
SV: Auf kalkreichen, durchsickerten, feinerdereichen, warmen Böden: Felsspalten, Mauern, auch angebaut und verwildert; wild in den Südalpen. Bis 1600 m. Selten.

Braun-Klee *Trifolium badium*
Schmetterlingsblütengewächse
Fabaceae (Leguminosae)

Juli – Aug.   10 – 30 cm   ♃

B: Viele Blüten bilden ein halbkugeliges Köpfchen von gut 1 cm Breite. Blüten erst gelb, dann braun (von unten nach oben fortschreitend). Blätter dreiteilig.
SV: Auf nährstoffreichen, gern kalkhaltigen Böden: Weiden, Geröll, Felsschutt. Zerstreut. Fast nur Kalkalpen. 1000 – 3000 m.

Gemeiner Hornklee *Lotus corniculatus* Schmetterlingsblütengewächse *Fabaceae (Leguminosae)*
Mai – Sept.   5 – 40 cm   ♃

B: 2 – 7 Blüten stehen in einem lockeren Köpfchen. Blüten 6 – 15 mm lang, oft rot angelaufen. Blätter dreiteilig, mit 2 Nebenblättchen am Stielgrund, eiförmig.
SV: Auf lockeren, steinig-lehmigen Böden: Trockenrasen, Matten, Gebüsche, Schutthalden. Vielgestaltig. Bis 3000 m. Häufig.

Wundklee *Anthyllis vulneraria* Schmetterlingsblütengewächse *Fabaceae (Leguminosae)*
Mai – Sept.   5 – 30 cm   ♃

B: Blüten 1 – 2 cm lang, in Köpfchen; Tragblätter handförmig geteilt. Laubblätter meist elliptisch, gestielt; am Stiel zuweilen noch einige Seitenfiedern.
SV: Düngerfliehend, kalkhold: Steinrasen, Raine, trockene Heiden. Zerstreut, örtlich sehr selten. Bis über 2700 m. Formenreich.

Scheiden-Kronwicke *Coronilla vaginalis* Schmetterlingsblütengewächse *Fabaceae (Leguminosae)*
April – Juli   10 – 25 cm   ♃

 K

B: 3 – 10 Blüten stehen in einem lockeren Köpfchen. Blüten um 9 mm lang, gelb. Blätter mit 5 – 13 Teilblättchen. Teilblättchen verkehrt eiförmig, blaugrün, fleischig.
SV: Auf kalkhaltigen, feinerdearmen, steinigen, warmen Böden: alpine Rasen, Felsbänder, Gebüsche. 1000 – 1800 m. Zerstreut.

Hufeisenklee *Hippocrepis comosa*
Schmetterlingsblütengewächse
Fabaceae (Leguminosae)
Mai – Juli   5 – 30 cm   ♃

 K

B: Blüten um 1 cm lang, zu 5 – 12 in doldigem Köpfchen. Stengel niederliegend-aufsteigend. Blätter gefiedert mit 5 – 15 schmalen verkehrteiförmigen Teilblättchen.
SV: Braucht lockeren, kalkhaltigen Boden: Trockenwiesen, Steinrasen, Felshänge. Zerstreut, bis 2200 m. Zentralalpen; selten.

Stengelloser Tragant *Astragalus exscapus* Schmetterlingsblütengewächse *Fabaceae (Leguminosae)*
Mai – Juli   5 – 10 cm   ♃

 K

B: Mehrere 3 – 9blütige Köpfchen sitzend in der Blattrosette. Blüten gelb, 2 – 3 cm lang. 25 – 39 Teilblättchen, 1 – 2,5 cm lang, 4 – 8 mm breit, abstehend langhaarig.
SV: Auf kalkhaltigen, lockeren, feinkörnigen Böden: Trockenrasen, Kiefernwälder. 1000 – 2000 m. Westalpen, Hochschwab. Selten.

Blasen-Tragant *Astragalus penduliflorus* Schmetterlingsblütengewächse *Fabaceae (Leguminosae)*
Juli – Aug.   20 – 50 cm   ♃

B: 5 – 25 nickende, um 1 cm lange Blüten in dichter, etwas einseitswendiger Traube aus den Blattachseln. Blätter gefiedert, 11 – 29 längliche Teilblättchen.
SV: Auf nährstoffreichen, sommerwarmen Böden: Steinrasen, lichte Gehölze. 1300 – 2600 m. Selten; Zentralschweiz zerstreut.

Eis-Tragant *Astragalus frigidus*
Schmetterlingsblütengewächse
Fabaceae (Leguminosae)

Juni – Aug.   20 – 40 cm   ♃

 K

B: 5 – 20 Blüten in lockerem Köpfchen, um 1,5 cm lang, hellgrün-gelb. Blätter mit 7 – 15 Teilblättchen von 1,5 – 4 cm Länge. Etwa 1/3 so breit wie lang.
SV: Auf kalkhaltigen, feuchten, nährstoffreichen Böden: lückige Matten und Rasen. 1800 – 2500 m. Zerstreut. Zentralalpen selten.

Gemeiner Spitzkiel *Oxytropis campestris* Schmetterlingsblütengewächse *Fabaceae (Leguminosae)*

Juni – Aug.   5 – 20 cm   ♃

B: 8 – 20 Blüten in dichtem Köpfchen, bis 2 cm lang, blaßgelb. Köpfchenstiel blattlos. Blätter grundständig, rosettig, gefiedert, 21 – 31 Teilblättchen, 5 – 15 mm lang, 2 – 4 mm breit.
SV: Auf mageren, oft kalkarmen Böden: Steinrasen, Grate. 1600 – 3000 m. Selten, örtlich häufig.

Gelbe Platterbse *Lathyrus laevigatus* ssp. *occidentalis* Schmetterlingsblütengewächse *Fabaceae*

Juni – Aug.   20 – 60 cm   ♃

 K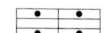

B: 3 – 12 Blüten sitzen in langer, einseitswendiger Traube, 1,5 – 2,5 cm lang, hellgelb, bräunlich verblühend. Blätter mit 8 – 10 Teilblättern, diese 3 – 7 cm lang, schmal, oberseits kahl.
SV: Auf feuchten, stickstoff- und kalkreichen Böden: Hochstaudenfluren. 1000 – 2000 m. Sehr selten.

Alpen-Zwergbuchs *Polygala chamaebuxus* Kreuzblumengewächse *Polygalaceae*

März – Juni 10 – 25 cm ♄

 K

B: Blüten schmetterlingsblütenähnlich, 1 – 1,5 cm lang, gelbbraun-(rot), zu 1 – 3 in den Blattachseln. Blätter ledrig-derb, immergrün, Rand eingerollt.
SV: Auf sonnig-trockenen Kalkböden: Magerrasen, Trockenwälder. Bis 2500 m. In den Nordalpen zerstreut, sonst (sehr) selten.

Acker-Stiefmütterchen *Viola tricolor* Veilchengewächse *Violaceae*

Mai – Okt. 10 – 20 cm ☉–☉

B: Blüten einzeln, 1,5 – 3 cm lang. Sporn kurz. Obere Blütenblätter, zuweilen auch alle, blau oder gelb, meist obere blau, untere gelb. Blätter gekerbt, länglich.
SV: Auf feuchten, kalkarmen, humosen, nährstoffreichen Lehmböden: Viehweiden, Matten, moorige Stellen. Bis fast 2000 m. Vor allem Zentralalpen zerstreut.

Galmei-Veilchen *Viola lutea* Veilchengewächse *Violaceae*

Mai – Juli 10 – 20 cm ♃

 U

B: Blüten 2 – 4 cm breit, Sporn meist violett. Untere Blätter eher rundlich, obere lang und schmal, öfters seichtkerbig. Nebenblätter groß, fiederteilig.
SV: Auf sauren, kalkarmen Böden: oft auf Metallböden (Galmei = Zinkmineralien). Selten. In den Zentralalpen von 1000 – 2000 m, oft in größeren Beständen.

Zweiblütiges Veilchen *Viola biflora*
Veilchengewächse *Violaceae*
Mai – Aug.   8 – 15 cm   ♃

B: Blüten einzeln oder zu zweit blattachselständig, gespornt, gelb mit braunen Strichen. Blätter herz-nierenförmig, gekerbt. Grundblätter groß, langstielig, 2 – 4 Stengelblätter.
SV: Auf kalkhaltigen, humosen, steinigen Lehmböden: Bergwälder, Ufergebüsch, Hochstaudenfluren. 1500 – 2500 m. Zerstreut.

Berg-Gamander *Teucrium montanum* Lippenblütengewächse *Lamiaceae (Labiatae)*
Juni – Aug.   5 – 20 cm   ♄

B: 2 – 6teilige Blütenquirle in den Achseln der obersten Stengelblätter, kopfig gehäuft. Blüten um 1 cm lang, blaßgelb, ohne Oberlippe. Laubblätter schmal, immergrün, Rand eingerollt.
SV: Auf kalkreichen Steinböden: Fels, Schutt, Matten, Heiden. Kalkalpen zerstreut. Bis 2400 m.

Goldnessel
Lamium galeobdolon
Lippenblütengewächse
Laminaceae (Labiatae)
Mai – Juni   15 – 50 cm   ♃

B: Etagenartig übereinanderstehende Blütenquirle mit 8 – 16 Blüten. Blüten um 2,2 cm lang, goldgelb. Unterlippen mit braunen Flecken. Oberste Blätter 2 – 3mal so lang wie breit.
SV: Auf nährstoffreichen, feuchten, steinigen Böden: Laubwälder, Felsschutt. Bis 2000 m. Zerstreut.

Klebriger Salbei *Salvia glutinosa*
Lippenblütengewächse *Lamiaceae*
(Labiatae)

Juli – Sept.   40 – 80 cm   ♃

B: Bis 10 etagenartig übereinanderstehende, 4 – 8blütige Quirle an den Astenden. Blüten 3 – 4 cm lang. Blätter spieß-eiförmig, kreuzgegenständig, klebrig.
SV: Auf nährstoffreichen (Kalk-)Böden: Wälder, Gebüsch, Staudenfluren. Bis 1 700 m. Kalkalpen zerstreut, sonst sehr selten.

Gelbe Batunge *Stachys alopecuros* Lippenblütengewächse *Laminaceae (Labitae)*

Juni – Sept.   20 – 50 cm   ♃

  K

B: Ährenquirl am Ende des Stengels. Blüten 1 – 1,5 cm lang, blaßgelb, mit zweispaltiger Oberlippe. Unterlippe dreilappig, kaum länger als Oberlippe. Blätter langstielig, herzförmig, gekerbt.
SV: Auf kalkreichen, steinigen Lehmböden: Gebüsche, Steinschutt. 1000 – 2000 m. Selten.

Gelber Fingerhut *Digitalis lutea*
Braunwurzgewächse
Scrophulariaceae

Juni – Juli   50 – 100 cm   ♃

   K

B: Blüten in endständiger, einseitswendiger Traube, 2 – 2,5 cm lang, schlank-glockig, nickend, hellgelb, innen bärtig, nie braunadrig. Saum 5zipfelig.
SV: Auf kalkhaltigen, lockeren, steinigen, feuchten Böden: Bergwälder. Zwergstrauchheiden. Bis gegen 2000 m.

Großblütiger Fingerhut *Digitalis grandiflora* Braunwurzgewächse *Scrophulariaceae*

Juni – Juli 50 – 130 cm ♃

   K

B: Blüten in endständiger, einseitswendiger Traube, 3 – 4,5 cm lang, glockig-bauchig, nickend, schwefelgelb, innen bräunlich geadert. Unterlippe dreizipflig.
SV: Auf kalkhaltigen, lockeren, steinigen, feuchten Böden: Bergwälder, Zwergstrauchheiden. Meist bis 1800 m. Zerstreut.

Gelbes Läusekraut *Pedicularis foliosa* Braunwurzgewächse *Scrophulariaceae*

Juni – Aug. 20 – 60 cm ♃

  K

B: Mit langen Blättern durchsetzte reichblütige Traube. Blüten hellgelb, 2 – 3 cm lang. Stengel aufrecht. Grundblätter 10 – 25 cm lang, (doppelt) gefiedert.
SV: Auf kalkreichen Steinböden: Bergwiesen, Matten, Hochstaudenflur. 1500 – 2000 m. Gebietsweise zerstreut, allgemein aber selten.

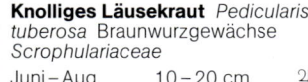

Knolliges Läusekraut *Pedicularis tuberosa* Braunwurzgewächse *Scrophulariaceae*

Juni – Aug. 10 – 20 cm ♃

  U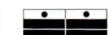

B: 3 – 15 Blüten in kopfiger, später lockerer Traube, 1,5 – 2 cm lang, hellgelb. Stengel aufgebogen, mit 2 oder 4 Haarreihen. Blätter doppelt und fein gefiedert.
SV: Auf kalkarmen, humushaltigen, trockenen Böden: Matten, Felsspalten, Schutthalden. 1200 – 2500 m. Zerstreut, örtlich selten.

Buntes Läusekraut *Pedicularis oederi* Braunwurzgewächse *Scrophulariaceae*

Juni – Juli   5 – 15 cm   ♃

B: 5 – 15 Blüten in kurzer, dichter Traube, 2 – 3 cm lang, hellgelb mit Purpurflecken. Stengel aufrecht, kahl oder mit 4 Haarreihen. Blätter bis 8 cm lang, gefiedert, Fiederchen gezähnt.
SV: Auf kalkhaltigen, feuchten Lehmböden: Matten, Heiden. 1500 – 2500 m. Selten, örtlich häufig.

Zottiger Klappertopf *Rhinanthus alectorolophus* Braunwurzgewächse *Scrophulariaceae*

Mai – Sept.   10 – 50 cm   ☉

B: Blüten in den Blattachseln, 2 – 2,5 cm lang. Kelch weit, zottig behaart. Oberlippe mit einem blauen Zahn. Blätter gegenständig, länglich, scharf gesägt.
SV: Auf meist kalkhaltigen, nährstoffreichen, eher trockenen Böden: trockene Rasen und Matten. Zerstreut. Ähnliche Arten!

Schmalblättriger Klappertopf *Rhinanthus glacialis* Braunwurzgewächse *Scrophulariaceae*

Mai – Sept.   15 – 50 cm   ☉

B: Blüten blattachselständig, 1,5 – 2 cm lang, Blütenröhre aufgebogen; Kelch kahl. Tragblätter mit Zähnen, die in 1 – 5 mm lange Grannen auslaufen.
SV: Auf trockenen, mageren Böden: Steinrasen, Schutt, Raine. 1000 – 2200 m. Häufig. Sehr formenreich; mehrere ähnliche Arten.

Kleiner Klappertopf *Rhinanthus minor* Braunwurzgewächse *Scrophulariaceae*

Mai – Aug.   10 – 40 cm   ⊙

B: Blüten blattachselständig, kaum 1,5 cm lang. Kelch kahl. Oberlippe mit weißlichem, selten hellblauem Zahn. Blätter gegenständig, schmal lanzettlich, kahl.
SV: Auf nährstoffreichen, eher feuchten, kalkarmen Böden: ungedüngte Wiesen und Matten, lichte Wälder. Bis 2000 m. Zerstreut.

Wiesen-Wachtelweizen
Melampyrum pratense Braunwurzgewächse *Scrophulariaceae*

Juni – Sept.   15 – 30 cm   ⊙

B: Blüten in einseitswendiger, beblätterter Ähre, 1,2 – 1,8 cm lang, hellgelb mit dunkelgelbem Gaumen. Blätter breitlanzettlich.
SV: Auf sauren, nährstoff- und kalkarmen, nicht zu trockenen Böden: Wälder, Heiden, Moor- und Wiesenränder. Bis 2000 m. Zerstreut, örtlich (Kalk) selten.

Wald-Wachtelweizen
Melampyrum sylvaticum Braunwurzgewächse *Scrophulariaceae*

Juni – Aug.   15 – 25 cm   ⊙

  U

B: Blüten in einseitswendiger, beblätterter Ähre, um 1 cm lang, sattgelb. Blätter lineal-lanzettlich, schwach rauh.
SV: Auf kalkarmen, sauren, humosen, steinigen Lehmböden: Wälder, Zwergstrauchheiden, Hochstaudenfluren. In den Kalkalpen sehr selten, sonst zerstreut. Bis 2500 m.

Zwerg-Augentrost *Euphrasia minima* Braunwurzgewächse *Scrophulariaceae*

Juli – Sept. 2 – 15 cm ☉

B: Blüten einzeln in den Achseln der obersten Stengelblätter, 5 – 6 mm lang, ganz oder teilweise gelb. Stengel meist unverzweigt. Blätter eiförmig, spitzzähnig.
SV: Auf sauren, humosen Böden: Magerrasen, Weiden. 1200 – 3200 m. Auf Urgestein häufig, in den Kalkalpen seltener. Formenreich.

Gelber Zahntrost *Odontites lutea* Braunwurzgewächse *Scrophulariaceae*

Aug. – Okt. 15 – 40 cm ☉

 K

B: Blüten um 5 mm lang, goldgelb. Blütenblätter an den Rändern behaart. Stengel in der oberen Hälfte verzweigt. Blätter gegenständig, sehr schmal lanzettlich.
SV: Auf kalkreichen, steinigen, warmen, trockenen Lehmböden: trockene Rasen und Matten. Bis 2000 m. Zerstreut.

Alpenrachen *Tozzia alpina* Braunwurzgewächse *Scrophulariaceae*

Juni – Aug. 15 – 50 cm ♃

 K

B: Kurze, durchblätterte Trauben an allen Astenden. Blüten etwa 1 cm lang, ungleich 5zipflig. Stengel aufrecht, vielästig. Blätter gegenständig, sitzend, ei-spitz, jederseits mit 1 – 3 Zähnen.
SV: Auf kalk- und nährstoffreichen Böden: Weiden, Bachgebüsch, Hochstaudenfluren. In den Kalkalpen zerstreut. Bis 2300 m.

Alpen-Säuerling *Oxyria digyna*
Knöterichgewächse *Polygonaceae*
Juli – Aug.   5 – 15 cm   ♃

B: Blüten 4zählig, unscheinbar, grünlich oder rötlich, langgestielt, in Quirlen zu einer lockeren Rispe vereint. Blätter langgestielt, nierenförmig, säuerlich.
SV: Auf kalkarmen bis kalkfreien, lange schneebedeckten, steinigen Böden: noch bewegte Steinschutthalden, steinige Matten, Geröll. 1700 – 2700 m. Zerstreut.

Schnee-Ampfer *Rumex nivalis*
Knöterichgewächse *Polygonaceae*
Juli – Aug.   5 – 25 cm   ♃

B: Nickende, dreikantige Blüten in übereinanderstehenden Knäueln. Stengel oft blattlos. Blätter dicklich, unterste eirund, obere der Rosette spießförmig.
SV: Auf feuchtem Kalk-Feinschutt: Schneetälchen, Steinrasen. 1600 – 2600 m. Nordalpen zerstreut vom Berner Oberland nach Osten; Südalpen ab Tessin, selten.

Alpen-Ampfer *Rumex alpinus*
Knöterichgewächse *Polygonaceae*
Juli – Aug.   50 – 200 cm   ♃

B: Blüten zahlreich, hängend, in ausgebreiteten Rispen. Grundblätter rundlich-herzförmig, bis 50 cm lang, langstielig. Stengelblätter eiförmig bis lanzettlich, gestielt, wechselständig.
SV: Auf feuchten, nährstoff-, ja dungreichen Böden: Viehläger, Hochstaudenfluren, um Almhütten, Ufer. 1500 – 2500 m. Häufig.

Akeleiblättrige Wiesenraute
Thalictrum aquilegifolium Hahnenfußgewächse *Ranunculaceae*
Mai–Juni   50–150 cm   ♃

B: Doldige Rispen; Blütenblätter hinfällig, auffällig die büscheligen Staubblätter. Stengel aufrecht. Blätter 2–3fach gefiedert, Abschnitte rundlich, gekerbt.
SV: Auf feuchten, nährstoffreichen Lehmböden: Auen, Ufer, Knieholz. Bis 2500 m. Selten; vor allem in Kalkgebieten.

Alpen-Wiesenraute *Thalictrum alpinum* Hahnenfußgewächse *Ranunculaceae*
Juli–Aug.   5–15 cm   ♃

B: Armblütige Traube. Blüten unscheinbar, um 2 mm lang, zumindest ältere nickend. Blattrosette (Stengel blattlos). Blätter 1–2fach gefiedert. Teilblätter 2–4 mm lang, rundlich gelappt.
SV: Nasse, steinig-torfige Böden: Quellhorizonte, Moore, feuchte Matten. 1800–2800 m. Sehr selten.

Rundblätteriges Hellerkraut
Thlaspi cepaeifolium ssp. *rotundifolium* Kreuzblütengewächse *Brassicaceae*
Juni–Aug.   5–15 cm   ♃

B: Blüten rosaviolett, 8–16 mm im Durchmesser, in doldiger Traube. Stengel beblättert. Grundblätter rosettig, dicklich, eirundlich, höchstens gezähnelt.
SV: Charakterart der feuchten, bewegten Kalkschutthalden. 1500–3300 m. Kalkalpen häufig, Silikatketten selten (2 Unterarten).

Steinschmückel *Petrocallis pyrenaica* Kreuzblütengewächse *Brassicaceae (Cruciferae)*
Juni – Juli 2 – 10 cm ♃

B: Blüten rosaviolett, 7 – 10 mm im Durchmesser, in doldiger Traube. Stengel blattlos. Rosette mit starren, 4 – 8 mm langen, tief 3 – 5lappigen Blättern, bewimpert.
SV: Auf trockenen, kalkreichen, steinigen Böden: Schutthalden, steinige Matten, Felsritzen. 1700 – 3000 m. Kalkalpen zerstreut.

Rosmarin-Seidelbast *Daphne cneorum* Seidelbastgewächse *Thymelaeaceae*
Mai – Juni 10 – 30 cm ♄

B: Blüten an beblätterten, holzigen Zweigen, zu 6 – 10 in endständigen Büscheln, behaart. Blätter dunkelgrün, gleichmäßig verteilt, Zweige flaumig.
SV: Auf nährstoffreichen, kalkhaltigen, humosen Steinböden: Felsen, Trockenwälder, Raine. Selten. Nur über Kalk. Bis 2000 m.

Steinröschen *Daphne striata* Seidelbastgewächse *Thymelaeaceae*
Mai – Juli 5 – 35 cm ♄

B: Blüten an beblätterten, holzigen Zweigen, zu 8 – 15 in einem büschelig-doldigen Blütenstand, um 1,5 cm lang, kahl. Blätter am Zweigende rosettig gehäuft.
SV: Auf nährstoffarmen, steinigen, kalkreichen, humushaltigen, warmen Böden: Felsschutt, feinerdereiche Felsspalten, steinige Matten. 1000 – 2500 m. Sehr selten.

Gewöhnlicher Seidelbast *Daphne mezereum* Seidelbastgewächse *Thymelaeaceae*

März – Mai   50 – 150 cm   ♃

B: Blüten an holzigen Zweigen vor den Blättern erscheinend, zahlreich, bis 1 cm lang, duftend. Blätter lanzettlich, ganzrandig, weich, um 10 cm lang.
SV: Auf nährstoffreichen, humosen, feuchten Böden: Wald, Krummholz, Hochstaudenfluren. Bis 2500 m. Zerstreut.

Schmalblättriges Weidenröschen *Epilobium angustifolium* Nachtkerzengewächse *Onagraceae*

Juli – Aug.   50 – 180 cm   ♃

B: Blüten 2 – 2,5 cm im Durchmesser, in reichblütiger Traube. Blätter wechselständig, schmal lanzettlich, unten blaugrün.
SV: Auf nährstoffreichen, stickstoffhaltigen, eher feuchten, rohen Böden: Kahlschläge, Schutthalden, Ödland, Eisenbahnschotter. Bis 2500 m. Häufig.

Kies-Weidenröschen *Epilobium fleischeri* Nachtkerzengewächse *Onagraceae*

Juli – Aug.   10 – 50 cm   ♃

B: Endständige Traube aus 5 – 10 Blüten von etwa 2 cm Durchmesser. Stengel niederliegend bis aufsteigend. Blätter wechselständig, lineal, nur 1 – 3 mm breit.
SV: Auf lockeren Sand-, Kies- und Felsschuttböden: Moränen, Geröll, Sandbänke. Bis 2500 m. Zerstreut, örtlich selten.

Alpen-Weidenröschen *Epilobium anagallidifolium* Nachtkerzengewächse *Onagraceae*

Juni – Aug. 5 – 20 cm ♃

 U

B: Nur 1 – 6 Blüten am Stengelende, um 1 cm im Durchmesser. Blütenblätter ausgerandet. Blätter 1 – 2 cm lang, oval. Zentimeterlange, dickliche Ausläufer.
SV: Auf kalkarmen, sickerfeuchten, steinigen Böden: Schneetälchen, nasse Felsen, feuchte Schutthalden. 2000 – 2800 m. Zerstreut.

Mierenblättriges Weidenröschen *Epilobium alsinifolium* Nachtkerzengewächse *Onagraceae*

Juli – Aug. 10 – 30 cm ♃

B: Endständige Traube mit 6 – 20 Blüten von 1,5 – 2 cm Durchmesser. Blütenblätter tief ausgerandet, rot geadert. Blätter 2 – 4 cm lang, dicklich, glänzend, gezähnelt.
SV: Auf nassen, kühlen Böden: Quellsümpfe, Bäche, Schneetälchen. 1000 – 2700 m. Zerstreut. Bodenvag, sehr veränderlich.

Schneeheide *Erica carnea*
Heidekrautgewächse *Ericaceae*

Januar – April 15 – 40 cm ♄

B: Blüten meist in einer Reihe im Oberteil des Stengels, fleischrot, um 5 mm lang, mit 4 Zipfeln. Blätter 5 – 9 mm lang, nadelförmig, meist zu 4 in einem Quirl.
SV: Auf nährstoff- und humusreichen, steinigen Böden: Zwergstrauchheiden, lichte Wälder, Schutthalden, Bachgeröll. 1500 – 2500 m. Zerstreut, auch gepflanzt.

Schlangen-Knöterich
Bistorta officinalis Knöterichgewächse *Polygonaceae*

Mai – Aug.   30 – 120 cm   ♃

B: Sehr kleine Blüten in dichter, walzlicher Traube am Ende des wenig beblätterten, aufrechten Stengels. Blätter oberseits dunkel-, unterseits blaugrün.
SV: Nässezeiger. Auf nährstoffreichen Böden: Bergwiesen, Weiden, Waldauen. Bis 2500 m. Häufig; in Kalkgebieten zerstreut.

Alpen-Pechnelke *Silene suecica*
Nelkengewächse *Caryophyllaceae*

Juli – Aug.   5 – 15 cm   ♃

B: Blüten in endständigem, dichtkopfigem Büschel, um 1 cm im Durchmesser, purpurrot. Stengel nicht klebrig, 1 – 3 Paar kleine, gegenständige Blätter. Rosettenblätter kahl oder bewimpert.
SV: Auf kalkfreien, humosen, trockenen, besonnten Böden: Grate, Schutthalden, steinige Matten. 2000 – 3100 m. Sehr selten.

Jupiter-Lichtnelke
Silene flos-jovis Nelkengewächse *Caryophyllaceae*

Juni – Juli   20 – 90 cm   ♃

B: Kopfige Dolde; Blüten 1,5 – 2,5 cm im Durchmesser; Blütenblätter vorn tief ausgerandet. Ganze Pflanze weißwollig. Grundblätter rosettig, spatelig, gestielt.
SV: Auf trockenen, warmen Kalksteinböden: Gebüsche, Halbtrockenrasen. Bis 2000 m. Nur Südwestalpen bis zur Etsch. Auch in Gärten.

Rote Nachtnelke *Silene dioica*
Nelkengewächse *Caryophyllaceae*
April – Aug. 30 – 100 cm ♃

B: Blüten büschelig an den Astenden, 2 – 3 cm im Durchmesser. Kelch dicht behaart, mit 10 oder 20 Rippen. Blätter gegenständig, obere eiförmig. Pflanze behaart.
SV: Auf nährstoff- und stickstoffreichen, nassen bis feuchten, humushaltigen Böden: Wiesen, Weiden, Ufer, Quellfluren. Bis 2300 m. Im Tal häufig, sonst zerstreut.

Stengelloses Leimkraut *Silene acaulis* Nelkengewächse *Caryophyllaceae*
Juni – Sept. 1 – 5 cm ♃

  K

B: Pflanze in dichten Polstern. Blüten endständig, kaum gestielt, 0,5 – 2 cm im Durchmesser. Blätter schmal, kurz, lederig, bewimpert.
SV: Auf kalkhaltigen, mäßig sauren Steinböden: Felshänge, Schutt, Rasen. Bis 3700 m. In den Kalkalpen häufig, auf Urgestein seltener. Mehrere Rassen.

Zwerg-Seifenkraut *Saponaria pumila* Nelkengewächse *Caryophyllaceae*
Aug. – Sept. 3 – 10 cm ♃

 U

B: Blüten einzeln auf kurzen Stielen, 2 – 2,5 cm im Durchmesser. Zwischen den Blütenblättern große Lücken. Kelch bauchig-röhrig, zottig. Pflanze wächst in dichten Polstern. Blätter kahl.
SV: Auf kalkfreien, steinigen Böden: steinige Matten, Zwergstrauchheiden. 2000 – 2700 m. Zerstreut.

Rotes Seifenkraut *Saponaria ocymoides* Nelkengewächse *Caryophyllaceae*

April – Okt. 10 – 30 cm ♃

B: Hohe, lockere Rasen. Blüten in gabelig verzweigten Büscheln, endständig, 5 – 15 mm im Durchmesser. Blätter ei-spatelförmig, kahl, nur am Grund bewimpert.
SV: Kalk- und wärmeliebend: Rasen, Felshänge, Geröll, Krummholz. Bis 2200 m. West- und Südostalpen zerstreut.

Pfauen-Nelke *Dianthus pavonius* Nelkengewächse *Caryophyllaceae*
Juli 5 – 15 cm ♃

B: Blüten meist einzeln, 2 – 2,5 cm im Durchmesser, außen grünlich. Pflanze wächst in lockeren Rasen. Blätter lineal, dünn, steif, spitz, kahl.
SV: Auf nährstoffarmen, besonnten, steinigen Böden: Felsen und Matten. Nur Westalpen (selten) und vereinzelt Südalpen. Zwischen 1000 und 2500 m, selten höher.

Alpen-Nelke *Dianthus alpinus* Nelkengewächse *Caryophyllaceae*
Juni – Aug. 3 – 20 cm ♃

B: Blüten meist einzeln, langgestielt, 4 – 5 cm im Durchmesser, am Rand fein gezähnt, purpurrot, am Schlund weißfleckig. Blätter länglich-eiförmig, um 4 mm breit, gegenständig.
SV: Auf kalk- und nährstoffreichen Böden: Rasen, Gebüsche. Bis 2300 m. Ostalpen, ab Etsch – Salzach, zerstreut (Kalkgebiete).

Bart-Nelke *Dianthus barbatus*
Nelkengewächse *Caryophyllaceae*
Juni – Sept.   20 – 70 cm   ♃

B: Blüten in endständigem Büschel, 1,5 – 2,5 cm im Durchmesser, von grannenspitzen, langen Hochblattschuppen umgeben, meist weiß punktiert und dunkel gestreift. Blätter um 2 cm breit.
SV: Auf kalk- und nährstoffreichen, trockenen Böden: Matten, Gebüsche, Waldränder. Südostalpen. 1000 – 2500 m. Selten.

Pracht-Nelke *Dianthus superbus*
Nelkengewächse *Caryophyllaceae*
Juni – Sept.   30 – 100 cm   ♃

B: Blüten einzeln oder zu wenigen in lockerer Rispe, 4 – 7 cm im Durchmesser, Blütenblätter tief fransig zerschlitzt, blaulila-rosa, oft schwarz getupft. Blätter schmallanzettlich.
SV: Braucht feuchte bis nasse Böden: Wiesen, Waldränder, Gebüsch. Bis 2400 m. Zerstreut. Mehrere Höhenrassen. Formenreich.

Feder-Nelke *Dianthus plumarius*
Nelkengewächse *Caryophyllaceae*
Juni – Aug.   15 – 35 cm   ♃

B: Blüten einzeln oder wenige am Stengelende, 2 – 3 cm im Durchmesser, bis zur halben Länge unregelmäßig zerschlitzt. Kelchschuppen höchstens 1/4 so lang wie der Kelch. Blätter 3 – 6 cm lang.
SV: Auf steinigen, kalkreichen Böden: Schutthalden, Felsritzen, Gebüsche. Auch gepflanzt. Ostalpen. Bis 2200 m. Selten.

Karthäuser-Nelke *Dianthus carthusianorum* Nelkengewächse *Caryophyllaceae*

Juni – Sept. 15 – 50 cm ♃

 K

B: Blüten in endständigen Büscheln, 1 – 2,5 cm im Durchmesser, am Rand gezähnt. Blätter schmallanzettlich, gegenständig, am Grund fast röhrig verwachsen.
SV: Auf kalkhaltigen, mageren Böden: Trockenrasen, Gebüsch. Ab 1000 m selten, vereinzelt bis 2400 m in den Kalkalpen.

Gletscher-Nelke *Dianthus glacialis* Nelkengewächse *Caryophyllaceae*

Juli – Aug. 2 – 8 cm ♃

B: Blüten einzeln, 1,5 – 2 cm im Durchmesser. Kelch verwachsen, kahl. Kelchschuppen krautig, lang zugespitzt. Stengelblätter dicklich, 1 – 2 mm breit. Grundblätter 5 cm lang, 2 cm breit.
SV: Steinige, lang schneebedeckte Böden: Grate, steinige Matten, besonders in windausgesetzten Lagen. 1900 – 2900 m. Selten.

Stein-Nelke *Dianthus sylvestris* Nelkengewächse *Caryophyllaceae*

Juni – Sept. 10 – 50 cm ♃

B: Pro Stengel 1 – 4 langgestielte Blüten, 3 – 4 cm im Durchmesser, rosa, am Rand spitzzähnig. Polsterartiger Wuchs. Blätter linealisch, rinnig, 1 – 2 mm breit.
SV: Auf trockenwarmen, gern kalkhaltigen Böden: Rasen, Heiden, Schutthänge, Felsen. Düngerfliehend. Von 1000 – 2800 m zerstreut im ganzen Alpengebiet.

Busch-Nelke *Dianthus seguieri*
Nelkengewächse *Caryophyllaceae*

Juni – Aug. 20 – 50 cm ♃

B: 2 – 8 Blüten in lockerem Büschel. Blüten rosa, innen mit Ring aus dunkelroten Punkten, 2,5 – 3,5 cm Durchmesser. Kelchschuppen braunpurpurn, aber nicht trockenhäutig. Blätter 2 – 8 mm breit.
SV: Auf kalkarmen, nicht zu trockenen, humushaltigen Böden: Steinige Rasen, verheidete Moore, Wälder. Bis 1600 m. Selten.

Roter Steinbrech *Saxifraga oppositifolia* Steinbrechgewächse *Saxifragaceae*

März – Juli 2 – 5 cm ♃

B: Polster mit aufrechten, einblütigen Stengeln. Blüten 1 – 2 cm im Durchmesser, jung rosa, bläulich verblühend. Blätter gegenständig, eiförmig. starr.
SV: Auf feuchten, nährstoff- und meist kalkreichen Böden: Steinrasen, Felsen, Schutt. Bis 3500 m. Häufig mehrere Rassen.

Zweiblütiger Steinbrech *Saxifraga biflora* Steinbrechgewächse *Saxifragaceae*

Juli – Aug. 2 – 10 cm ♃

 K

B: Sehr lockere Polster. Stengel oft mit 2 Blüten, 1 – 1,5 cm Durchmesser, Blütenboden gelb. Blätter rundlich, dickfleischig, kaum 5 mm lang, gegenständig.
SV: Auf feuchten, meist kalkhaltigen, steinigen Böden: Gesteinsschutt, Moränen. 2000 – 4200 m. Kalkalpen zerstreut.

Schwarzer Mauerpfeffer *Sedum atratum* Dickblattgewächse *Crassulaceae*

Juni – Aug.   3 – 10 cm   ⊙–⊙

B: 3 – 6 Blüten dichtgedrängt am Stengelende, 0,5 – 1 cm im Durchmesser, rötlich, weißlich oder grünlich. Stengel aufrecht. Blätter walzlich-fleischig, stumpf.
SV: Auf sonnigen Stein- und Kiesböden; kalkhold: Felsen, Schutt, Steinrasen, Geröll. 1000 – 3000 m. Kalkalpen häufig, sonst selten.

Dolomiten-Fingerkraut *Potentilla nitida* Rosengewächse *Rosaceae*

Juli – Sept.   2 – 8 cm   ♃

B: 1 – 2 Blüten am Stengelende, um 2 cm im Durchmesser. Eng dem Boden angeschmiegter Halbstrauch (Spalierstrauch). Blätter 3(–5)-teilig, wie die Stengel seidig anliegend behaart.
SV: Auf sonnigen, trockenen, kalkreichen, steinigen Böden: Felsen, Schutthalden. Süd- und Südwestalpen. 1200 – 3200 m. Selten.

Alpen-Rose *Rosa pendulina* Rosengewächse *Rosaceae*

Mai – Aug.   50 – 300 cm   ♄

B: Blüten meist einzeln, dunkel karminrot, 4 – 6 cm im Durchmesser. Zweige spärlich bestachelt. Blätter 7–11zählig gefiedert. Hagebutte orangerot, eikugelig.
SV: Auf nährstoffreichen, meist kalkarmen, eher feuchten Lehmböden: Gebüsche, steinige Hochstaudenfluren, Wälder. Bis 2500 m. Zerstreut; heute im Rückgang.

Felsen-Storchschnabel
Geranium macrorrhizum Storchschnabelgewächse *Geraniaceae*

Juni – Aug.　　20 – 40 cm　　♃

 K

B: Blütenstand doldig. Blüten um 3 cm im Durchmesser, nickend. Blätter langstielig, tief 7lappig; Lappen gezähnt, behaart.
SV: Auf steinigen, trockenen, nicht zu sonnigen Böden: Felsen, steinige Gebüsche, steinige Matten und lichte Wälder. Bis über 1500 m. Südalpen. Selten.

Wald-Storchschnabel
Geranium sylvaticum Storchschnabelgewächse *Geraniaceae*

Juni – Sept.　　30 – 60 cm　　♃

B: Blüten in doldigen Rispen, 2,5 – 3,5 cm im Durchmesser, je 2 auf langgabeligem Stiel. Blätter handförmig, meist 6spaltig; Lappen breit, grob gezähnt.
SV: Auf nährstoff- und humusreichen, eher feuchten Böden: Bergwiesen, Ufer, Hochstaudenfluren, Wälder. Häufig, bis 2500 m.

Blutroter Storchschnabel
Geranium sanguineum Storchschnabelgewächse *Geraniaceae*

Juni – Aug.　　20 – 50 cm　　♃

 K

B: Blüten in sehr lockeren Rispen, 3 – 4 cm im Durchmesser, einzeln lang gestielt. Blätter tief handförmig, meist 6spaltig; Lappen schmal, schmal gezipfelt.
SV: Auf lockeren, sommerwarmen, oft kalkhaltigen Böden: Trockenrasen und -gehölze. Bis 1800 m. Zerstreut, örtlich sehr selten.

Alpen-Mutterwurz *Ligusticum mutellina* Doldengewächse Apiaceae (Umbelliferae)

Juni – Aug.   10 – 80 cm   ♃

B: Blüten in Dolden, unscheinbar. Blätter 2 – 3fach gefiedert; feinste Blattzipfel noch 1 mm breit, weich. Pflanze riecht zerrieben aromatisch-würzig.
SV: Auf feuchten, tiefgründigen, nährstoffreichen Böden: Weiden, Gebüsche, Schutthalden, Matten. 1500 – 2500 m. Zerstreut.

Felsenröschen *Loiseleuria procumbens* Heidekrautgewächse Ericaceae

Juni – Juli   15 – 30 cm   ♄

B: 2 – 5 Blüten doldig am Zweigende, gut 5 mm im Durchmesser, glockig, aufrecht. Flacher Spalierstrauch. Blätter ledrig immergrün, schmal, Rand gerollt.
SV: Auf humussauren, wetterexponierten Böden: Felskämme, Moränen, Schutt. 1500 – 3000 m. Zentralalpen häufig, sonst selten.

Rauschbeere *Vaccinium uliginosum* Heidekrautgewächse Ericaceae

Juni – Aug.   10 – 80 cm   ♄

B: 1 – 3 Blüten blattachselständig, nickend, glockig, am Saum 5zipflig, um 5 mm lang. Blätter eiförmig, ganzrandig, blaugrün. Beere blaubereift; Saft farblos.
SV: Auf sauren, nährstoffarmen Böden: Zwergstrauchheiden, Nadelwälder, Moore. Zentralalpen bis über 3000 m; zerstreut. Kalkgebiete oft tiefer; seltener.

Rostroter Almrausch
Rhododendron ferrugineum
Heidekrautgewächse *Ericaceae*

Mai – Aug.   50 – 200 cm   ♄

B: Blütenstand doldig, endständig. Blüten trichterig, bis 1,5 cm lang, 5zipflig. Blätter länglich, unterseits dicht mit rostgelben Drüsenschuppen besetzt.
SV: Auf kalkarmen, feuchten, humushaltigen Böden: Zwergstrauchheiden, Gebüsche, lichte Wälder. 1500 – 2700 m. Häufig.

Behaarter Almrausch
Rhododendron hirsutum
Heidekrautgewächse *Ericaceae*

Mai – Aug.   50 – 120 cm   ♄

B: Blütenstand doldig, endständig. Blüten trichterig, bis 1,5 cm lang, 5zipflig. Blätter eiförmig, unterseits gering rostgelb getüpfelt; Rand bewimpert.
SV: Auf kalkhaltigen, eher trockenen Böden: Zwergstrauchheiden, Wälder. 600 – 2500 m. Häufig; in den Zentral- und Westalpen seltener.

Zwergrösel *Rhodothamnus chamaecistus* Heidekrautgewächse *Ericaceae*

Juni – Juli   10 – 30 cm   ♄

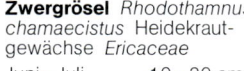   

B: 1 – 3 gestielte Blüten am Zweigende, 2 – 3 cm im Durchmesser; Blütenkrone tief in 5 Lappen geteilt. Blattrand buchtig gesägt, lang bewimpert.
SV: Auf kalk- und rohhumusreichen Steinböden: Zwergstrauchheiden, Felsschutt, Felsspalten. 1000 – 2400 m. Selten.

Alpenveilchen *Cyclamen purpurascens* Primelgewächse *Primulaceae*

Juni – Sept.   5 – 20 cm   ♃

   K

B: Blüten einzeln auf blattlosem Schaft, 5 zurückgeschlagene Zipfel, 1,5 – 2,5 cm lang. Blätter gestielt, grundständig, immergrün, herz-nierenförmig, Rand gekerbt.
SV: Auf kalk- und nährstoffreichen, schattig-feuchten Mullböden: Wälder, Gebüsch. Bis 2000 m. Südalpen, Ostalpen; selten.

Heilglöckchen *Cortusa matthioli* Primelgewächse *Primulaceae*

Mai – Aug.   10 – 40 cm   ♃

B: 5 – 12 Blüten in lockerer, oft einseitswendiger Dolde, nickend, glockig, um 1 cm lang. Stengel blattlos. Blätter rundlich, mit gesägten Lappen, am Blattstiel herzförmig ausgeschnitten.
SV: Auf sauren, sickerfeuchten, steinigen, nicht voll besonnten Böden: Gebüsche, lichte Wälder. 1000 – 2000 m. Sehr selten.

Wulfens Primel *Primula wulfeniana* Primelgewächse *Primulaceae*

Mai – Juli   2 – 10 cm   ♃

  K

B: 2 – 4 Blüten in dichter Dolde, um 3 cm im Durchmesser. Blütenzipfel halbglockig – flach, auf mehr als 1/3 ihrer Länge eingekerbt; Blüten im Schlund hell. Blätter nicht klebrig, nicht runzlig, Rand (jung) eingerollt.
SV: Auf kalk- und humusreichen Böden: Matten, Fels. 1200 – 2200 m. Südostalpen ab Piave. Selten.

Clusius Primel *Primula clusiana*
Primelgewächse *Primulaceae*
Mai–Juli   2–5 cm   ♃

  K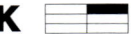

B: Pro Stengel meist nur 2 Blüten, um 3 cm im Durchmesser, im Schlund weißlich. Blütenzipfel flach ausgebreitet, bis fast zur Mitte eingekerbt. Blätter oben hellgrün, unten graugrün, kahl.
SV: Auf kalkreichen, steinigen Böden: steinige Matten, Felsspalten, Schneetälchen. Wiener Schneeberg bis Königssee. 1700–2300 m.

Breitblättrige Primel
Primula latifolia Primelgewächse *Primulaceae*
Juni–Aug.   5–15 cm   ♃

  U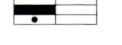

B: 3–15 nickende Blüten in einseitswendiger Dolde, um 1,5 cm lang. Blütenzipfel nur auf 1/5 ihrer Länge ausgerandet. Blätter klebrig, etwas wellig, eiförmig, gestielt, vorn gezähnt.
SV: Auf kalkarmen Steinböden: Felsen, Schutt. 1900–3000 m. Nur (Süd-)Westalpen. Selten.

Pracht-Primel *Primula spectabilis*
Primelgewächse *Primulaceae*
Mai–Juli   3–15 cm   ♃

  K

B: 2–6 Blüten in lockerer Dolde, um 2,5 cm im Durchmesser. Blütenzipfel halbglockig bis flach, auf 1/3 ihrer Länge eingekerbt; Blüten im Schlund weißlich-hellrosa. Blätter leicht klebrig, nicht runzelig, Rand eingerollt.
SV: Auf kalk- und humusreichen Böden: steinige Matten, Felsen. 700–2200 m. Südalpen. Zerstreut.

Zottige Primel *Primula villosa*
Primelgewächse *Primulaceae*
April – Juni   5 – 15 cm   ♃

B: 4 – 10 Blüten in einer Dolde, 1,5 – 3 cm im Durchmesser. Blütenzipfel flach-trichterig, auf 1/4 ihrer Länge eingekerbt. Blätter klebrig, nicht runzelig, eiförmig, vorn gerundet, gezähnelt.
SV: Auf kalkarmen Steinböden: Felsen, Steinrasen. 1500 – 2200 m. Cottische Alpen, dann erst wieder Norische Alpen. Selten.

Mehlprimel *Primula farinosa*
Primelgewächse *Primulaceae*
Mai – Juli   5 – 20 cm   ♃

B: Blüten in allseitswendiger Dolde, um 2 cm im Durchmesser. Blütenzipfel flach ausgebreitet, auf 1/4 ihrer Länge eingekerbt. Blätter unterseits mehlig bestäubt, nicht runzelig.
SV: Auf nährstoffarmen, kalkhaltigen Böden: Moore; steinige, feuchte oder trockene Matten, Felsspalten. Bis 2700 m. Zerstreut.

Hallers Primel *Primula halleri*
Primelgewächse *Primulaceae*
Juni – Juli   10 – 30 cm   ♃

B: Blüten in endständiger Dolde, 1,5 – 2 cm im Durchmesser, die Kronröhre (!) 2 – 3 cm lang. Blütenzipfel flach, auf gut 1/3 eingekerbt. Blätter nicht runzelig, unterseits mehlig.
SV: Auf kalkreichen, feuchthumosen Böden: Steinrasen, Felsspalten. 1000 – 2900 m. Westalpen selten, Ostalpen zerstreut.

Meergrüne Primel *Primula glaucescens* Primelgewächse *Primulaceae*

Mai – Juli 5 – 15 cm ♃

  K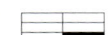

B: 2 – 5 Blüten in aufrechter Dolde, 2 – 3 cm im Durchmesser, Blütenzipfel fast flach, auf 1/4 eingekerbt. Blattrand knorpelig, kahl, aufgebogen. Blätter nicht mehlig.
SV: Auf kalkhaltigen, humusreichen, feuchten Böden: steinige Matten, ruhender Schutt, Felsspalten. Bis 2500 m. Selten.

Ganzblättrige Primel
Primula integrifolia
Primelgewächse *Primulaceae*

Juni – Juli 1 – 5 cm ♃

✿ ▽ **U**

B: Am Stengelende 1 – 3 Blüten, 1,5 – 2,5 cm im Durchmesser. Blütenzipfel flach-trichterig, auf 1/4 eingekerbt. Blätter drüsig, doch nicht klebrig, eiförmig.
SV: Auf kalkarmen, feuchten Böden: Schneetälchen. Bis 2700 m. Westalpen bis zur Linie Tonale – Arlberg. Zerstreut.

Behaarte Primel *Primula hirsuta* Primelgewächse *Primulaceae*

Mai – Juli 3 – 10 cm ♃

✿ ▽ **U**

B: 1 – 3 (selten mehr) Blüten am Stengelende, 1,5 – 2,5 cm im Durchmesser. Blütenzipfel flach, 1/4 – 1/3 eingekerbt. Schlund weiß. Blätter grundständig, verkehrt-eiförmig, gestielt, dicht klebrig-drüsig behaart. Drüsen hellfarben.
SV: Auf kalkarmen, steinigen Böden: Schutthalden, Geröll, steinige Matten. 1500 – 3000 m. Häufig.

Inntaler Primel *Primula daonensis*
Primelgewächse *Primulaceae*
Mai – Juli 3 – 7 cm

B: 2 – 5 Blüten doldig am Stengelende, 1 – 2 cm im Durchmesser. Blütenzipfel flach, knapp 1/4 eingekerbt. Blätter grundständig, keilförmig, vorn gezähnt, drüsig-klebrig. Drüsen rötlich.
SV: Auf kalkarmen, steinigen Böden: Felsen, Schutt, Steinrasen. 1500 – 2800 m. Selten. Nur etwa zwischen Etsch und Adda.

Piemonteser Primel
Primula pedemontana
Primelgewächse *Primulaceae*
Mai – Juli 5 – 15 cm

B: 2 – 5 Blüten doldig am Stengelende, knapp 2 cm im Durchmesser. Blütenzipfel flach ausgebreitet, etwas eingekerbt. Blätter meist ganzrandig, nur am Rand mit kurzen Drüsenhaaren, 2 – 6 cm lang.
SV: Auf kalkarmen Rohhumusböden: Felsspalten, Schutt. Nur Westalpen. 2000 – 3000 m. Sehr selten.

Klebrige Primel *Primula glutinosa*
Primelgewächse *Primulaceae*
Juni – Aug. 2 – 8 cm

B: 2 – 7 Blüten doldig am Stengelende, 1 – 1,5 cm im Durchmesser. Blütenzipfel trichterig-flach, etwa auf 1/4 eingekerbt, rotviolett, jung blau. Blätter klebrig, länglich, vorne spitz gesägt.
SV: Auf kalkarmen, humosen Lehmböden: Steinrasen, Felsspalten. 1600 – 3100 m. Östliche Zentralalpen zerstreut; ab Unterengadin.

73

Zwerg-Primel *Primula minima*
Primelgewächse *Primulaceae*
Juni – Juli　　　1 – 3 cm

B: Winziger Blütenstiel mit 1, seltener 2 Blüten, die 1,5 – 3 cm im Durchmesser erreichen. Blütenzipfel flach, etwa 1/2 eingekerbt. Blätter etwa 1,5 cm lang, halb so breit, nicht klebrig.
SV: Auf kalkarmen, sauren, steinigen Böden: steinige Matten, Schutthalden, Felsspalten, Schneetälchen. 1500 – 3000 m. Zerstreut.

Wulfens Mannsschild *Androsace wulfeniana* Primelgewächse *Primulaceae*
Juni – Juli　　　1 – 6 cm

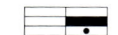

B: Lockere Polster. Blüten meist einzeln, 4 – 8 mm lang gestielt, 8 – 12 mm im Durchmesser. Blätter lanzettlich, 4 – 7 mm lang, 1 – 2 mm breit, spitz, grau behaart.
SV: Auf trockenen, kalkarmen Böden mit wenig Feinerde: Felsspalten, Schutt, Steinrasen. 2000 – 2600 m. Nur Ostalpen. Selten.

Roter Mannsschild *Androsace carnea* Primelgewächse *Primulaceae*
Juni – Aug.　　　3 – 12 cm

B: 2 – 10 Blüten in doldigem Blütenstand auf langem Stengel. Blüten um 7 mm im Durchmesser, dunkelrosa mit gelbem Schlund. Rosettenblätter bis 2 cm lang, um 2 mm breit, etwas fleischig.
SV: Auf kalkfreien, sauren, steinigen, feuchten Böden: steinige Matten, Schutt, Schneetälchen. 1800 – 3000 m. Westalpen. Selten.

Alpen-Mannsschild *Androsace alpina* Primelgewächse *Primulaceae*
Juni–Aug. 1–5 cm

B: Lockere Polster. Blüten meist einzeln, 2–4 mm lang gestielt, 5–7 mm im Durchmesser. Blätter lanzettlich, 2–8 mm lang, 1–2 mm breit, stumpflich, mehr am Rand und an der Spitze behaart.
SV: Auf kalkarmen Feuchtböden: Schneetälchen, Ruheschutt. 2000–4200 m. Zentralalpen häufig bis zerstreut (Osten); Kalkalpen selten.

Berg-Lungenkraut *Pulmonaria mollis* Borretschgewächse *Boraginaceae*
April–Mai 10–30 cm

B: Blüten „schlüsselblumenartig", rotblau. Grundständige Blätter in den Stiel verschmälert, bis 15 cm lang und etwa 1/3 so breit. Blätter in der Stengelmitte kürzer als ihrer dreifachen Breite entspricht.
SV: Auf kalkhaltigen, humosen Böden: Wälder, Hochstaudenfluren. Bis 1800 m. Selten.

Leberbalsam *Erinus alpinus* Braunwurzgewächse *Scrophulariaceae*
April–Juli 5–20 cm

  K

B: Erst doldiger, dann traubig verlängerter Blütenstand. Blüten blattachselständig, um 1 cm im Durchmesser. Stengel locker beblättert. Grundblätter keilig-länglich, grob gesägt.
SV: Auf kalkreichen Steinböden: Felsen, Schutt. 1500–2300 m. Kalkalpen, sehr zerstreut.

Schopf-Rapunzel *Physoplexis comosa* Glockenblumengewächse *Campanulaceae*

Juni – Aug.   5 – 15 cm   ♃

  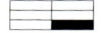

B: 10 – 30 Blüten, die am Grund bauchig aufgeblasen sind, in einem kopfigen Blütenstand, um 1,8 cm lang. Blätter nierenförmig bis länglich-eiförmig, gezähnt.
SV: Auf kalkhaltigen, steinigen, feuchten Böden: Schutthalden, Felsspalten. Südalpen. 1000 – 2000 m. Sehr selten.

Berg-Baldrian *Valeriana montana* Baldriangewächse *Valerianaceae*

April – Aug.   10 – 60 cm   ♃

B: Blütenstand endständig, doldenartig, reichblütig. Blüten rosa-weiß, um 5 mm lang. Stengel mit 3 – 8 eilanzettlichen Blattpaaren, dicklich, glänzend. Vergleiche auch S. 170!
SV: Auf mäßig feuchten Kalk-Steinböden: Felsen, Schutt, Geröll. Bis 2600 m. Kalkalpen häufig, Zentralalpen selten.

Zwerg-Baldrian *Valeriana supina* Baldriangewächse *Valerianaceae*

Juli – Aug.   5 – 15 cm   ♃

B: Wenigblütiges, von schmalen, kleinen Hochblättern umgebenes Köpfchen. Blüten um 5 mm lang, hellrosa. Stengel mit 1 – 2 Blattpaaren. Alle Blätter ungeteilt, dicklich, meist ganzrandig.
SV: Auf kalkhaltigen, steinigen, feinerdereichen Böden: Schutthalden, Schneetälchen, Felsspalten. Ostalpen. 1500 – 2700 m. Selten.

Alpen-Zeitlose *Colchicum alpinum* Liliengewächse *Liliaceae*

Juli – Sept. 7 – 15 cm ♃

B: Blüten grundständig, einzeln oder zu wenigen, zur Blüte ohne Laubblätter (krokusartig, aber viel später im Jahr). Blätter im Frühjahr (mit der Fruchtkapsel) länglich-lanzettlich, steif.
SV: Auf kalkarmen, nährstoffreichen Lehmböden: Wiesen, Matten. Bis 2000 m. Wärmebedürftig. Nur Südwestalpen. Dort häufig.

Hundszahn *Erytrhronium denscanis* Liliengewächse *Liliaceae*

Februar – April 10 – 30 cm ♃

B: Blüten einzeln, langgestielt, rötlich oder violett; 6 nach oben gebogene Blütenblätter. Meist nur 2 gefleckte, länglich-eiförmige Blätter. Zwiebel.
SV: Auf kalkhaltigen, steinigen, humusreichen Böden in warmem Klima: Wälder, Gebüsche, Matten, Schutthalden. Südalpen. 500 – 2000 m. Selten.

Burnats Schachblume *Fritillaria tubiformis* Liliengewächse *Liliaceae*

Juli – Aug. 10 – 30 cm ♃

B: Blüten meist einzeln, endständig, nickend, 3 – 4 cm lang, hellbraunpurpurrot (schachbrettartig) gefleckt. 4 – 6 Blätter, im oberen Stengelteil gehäuft, grasartig, dicklich, graugrün.
SV: Auf kalk- und nährstoffreichen Lehmböden: Rasen, Wiesen; bis 2100 m. Selten. Südwestalpen.

Türkenbund *Lilium martagon*
Liliengewächse *Liliaceae*
Juni – Aug.   30 – 120 cm   ♃

B: 2 – 15 nickende Blüten in endständiger Traube, 4 – 7 cm im Durchmesser. Blütenblätter dunkel gepunktet, nach oben geschlagen. Blätter quirlständig.
SV: Auf nährstoff- und humusreichen, steinigen, tiefgründigen Böden: Wälder, Gebüsche, Hochstaudenfluren. Bis über 2000 m. Kalkalpen zerstreut, sonst selten.

Feuer-Lilie *Lilium bulbiferum*
Liliengewächse *Liliaceae*
Mai – Juli   20 – 100 cm   ♃

B: 1 – 5 aufrechte, trichterige Blüten doldig-traubig am Stengelende, 4 – 7 cm lang, innen dunkel gefleckt. Stengel aufrecht; Blätter schmallanzettlich.
SV: Auf nährstoffreichen Böden in warmen Lagen: Bergwiesen, Heiden, Waldsäume. Bis 2400 m. Selten, im Süden örtlich zerstreut. Formenreich. Auch Zierpflanze.

Alpen-Lauch *Allium schoenoprasum* Liliengewächse *Liliaceae*
Juli – Aug.   20 – 30 cm   ♃

B: „Schnittlauchartige" Pflanze. Blüten hellrosa, violett ausbleichend. Blätter röhrig.
SV: Sickerfeuchte, steinige Böden: feuchte, steinige Matten, nasse Wiesen, Bachgeröll, Ufer. Bis 2500 m. Zerstreut. Die in den Alpen vorkommende Unterart ist möglicherweise die Wildform des Schnittlauchs.

Pfingstrose *Paeonia officinalis*
Pfingstrosengewächse
Paeoniaceae

Mai – Juni 40 – 120 cm ♃

  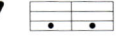

B: Blüten einzeln, endständig am aufrechten, unverzweigten Stengel, 7 – 15 cm im Durchmesser. Stengelblätter gestielt, groß, mehrfach 3teilig, oberseits kahl.
SV: Auf trockenen, kalkreichen Steinböden: Felsenhänge, Flaumeichengebüsch, lichte Wälder. Bis 1700 m. Nur in den Südalpen, sehr selten. Viele Kultursorten.

Berg-Küchenschelle *Pulsatilla montana* Hahnenfußgewächse
Ranunculaceae

April – Mai 7 – 25 cm ♃

B: Blüten 5 – 6 cm im Durchmesser, glockig-nickend, dunkelviolett. Am Stengel Hochblattquirl. Blätter 2 – 3fach gefiedert, erscheinen erst nach der Blüte.
SV: Nährstoffarme, mineralreiche, trockene, stark besonnte Böden: felsige Trockenrasen, Gebüsche. Südwestalpen. Bis 1500 m. Selten.

Spinnweben-Hauswurz
Sempervivum arachnoideum
Dickblattgewächse *Crassulaceae*

Mai – Sept. 5 – 15 cm ♃

B: Blüten mit 8 – 12 Blütenblättern, 1 – 2 cm im Durchmesser. Rosettenblätter am Rand drüsig und bewimpert, vorne mit langen, weißen „Spinnweb"-Haaren.
SV: Auf kalkarmen, trockenen Steinböden: Felsspalten, Schutt, Steinrasen. Bis 3000 m. Zentralalpen häufig; sonst seltener.

Berg-Hauswurz *Sempervivum montanum* Dickblattgewächse *Crassulaceae*

Juli – Sept.   5 – 25 cm   ♃

B: Blüten mit 12 – 16 Blütenblättern, 2 – 3 cm im Durchmesser. Rosettenblätter am Rand und auf der Fläche dicht drüsig behaart. Keine randlichen, langen Wimpern.
SV: Auf kalkfreien, sauren, steinigen Böden: Felsspalten, Schutt, steinige Matten. Bis 3200 m. Kalkalpen selten, sonst zerstreut.

Dach-Hauswurz *Sempervivum tectorum* Dickblattgewächse *Crassulaceae*

Juli – Sept.   10 – 60 cm   ♃

B: Blüten mit 12 – 16 Blütenblättern, 2 – 3 cm im Durchmesser. Rosettenblätter spreizend-aufrecht, auf der Fläche kahl, am Rand bewimpert. Stengel drüsig.
SV: Auf trockenen, kalkfreien Steinböden: Felsen, Steinrasen. Bis 2800 m. Zerstreut. Häufig gepflanzt: Mauern, Dächer, Gärten.

Heidekraut *Calluna vulgaris* Heidekrautgewächse *Ericaceae*

Juli – Sept.   20 – 50 cm   ♄

B: Blüten meist einseitswendig am Oberteil des Stengels, 2 – 4 mm lang, tief 4zipflig, rosa bis purpurn, kürzer als der 4zipflige, gleichfarbene Kelch. Blätter schuppenartig, in 4 Reihen.
SV: Auf meist kalkfreien, sauren, sandig-moorigen Böden: Wälder, Zwergstrauchheiden, Gebüsche. Bis 2500 m. Häufig.

Alpen-Troddelblume
Soldanella alpina
Primelgewächse *Primulaceae*
April – Juli   5 – 15 cm   ♃

 K

B: 1 – 3 endständige, nickende Blüten, 1 – 1,5 cm lang, auf 1/2 zerschlitzt, rotviolett-bläulich. Blätter grundständig, rundlich, 1 – 3 cm breit, immergrün, derb.
SV: Auf kühlfeuchten, kalk- und nährstoffreichen Böden: Schneetälchen, Bachgebüsch. Bis 3000 m. Zerstreut, auf Kalk häufiger.

Kleine Troddelblume
Soldanella alpicola Primelgewächse *Primulaceae*
Mai – Aug.   2 – 10 cm   ♃

B: Nickende Einzelblüte, 1 – 1,5 cm lang, höchstens auf 1/4 zerschlitzt, blaß rotviolett. Blätter grundständig, um 1 cm breit, rundlich, immergrün, dünn.
SV: Auf kalkarmen, steinigen, humosen, nährstoffreichen Böden: Schneetälchen, feuchte Matten. 2000 – 3000 m. Zerstreut.

Brauner Enzian *Gentiana pannonica* Enziangewächse *Gentianaceae*
Juli – Sept.   15 – 60 cm   ♃

B: 2 – 6 Blüten in den Achseln der oberen Blätter und kopfig gehäuft am Stengelende, 2,5 – 5 cm lang, mit 5 – 8 Zipfeln, außen trüb rotviolett. Kelch 5 – 8zipflig. Blätter gegenständig, eiförmig.
SV: Auf kalkarmen, rohhumusreichen, steinigen, tiefgründigen Böden: Matten, Moore, Gebüsche. 1500 – 2500 m. Ostalpen. Zerstreut.

Purpur-Enzian *Gentiana purpurea*
Enziangewächse *Gentianaceae*

Juli – Sept.   20 – 60 cm   ♃

B: 2 – 6 Blüten in den Achseln der oberen Blätter und kopfig gehäuft am Stengelende, 2 – 4 cm lang, mit 5 – 8 Zipfeln, außen purpurrot. Kelch tief 2teilig. Blätter gegenständig, eiförmig.
SV: Auf kalkarmen, humosen Lehmböden: Weiden, Gebüsche, Zwergstrauchheiden. 1600 – 2700 m. Westalpen zerstreut; bis Silvretta.

Filzige Klette *Arctium tomentosum*
Korbblütengewächse *Asteraceae (Compositae)*

Juli – Aug.   50 – 150 cm   ☉

B: 5 – 20 Blütenkörbchen in einem endständigen, doldig-rispigen Blütenstand, 2 – 3 cm im Durchmesser, Hülle stark spinnwebig behaart. Blätter groß, rundlich.
SV: Auf nährstoffreichen, meist kalkhaltigen, steinigen Böden: Ufer, Ödland, Schutthalden, Geröll. Bis 1500 m. Zerstreut.

Woll-Kratzdistel *Cirsium eriophorum* Korbblütengewächse *Asteraceae (Compositae)*

Juli – Sept.   50 – 150 cm   ☉

B: Körbchen einzeln an den Astenden, 5 – 7 cm breit. Blüten purpurviolett. Hüllblätter stechend, spinnwebhaarig, Blätter tief fiederspaltig, grob bestachelt.
SV: Auf nährstoffreichen, trockenen Böden: Weiden, Wege, Unkrautfluren. Kalkhold. Bis 2100 m. Überall, doch nur örtlich häufig.

Verschiedenblättrige Kratzdistel
Cirsium heterophyllum
Korbblütengewächse
Asteraceae (Compositae)

Juni – Sept.   50 – 150 cm   ♃

 U

B: Körbchen einzeln am Stengelende, 2 – 3 cm lang. Blüten purpurrot, Hüllblätter braunrot, harzig, nicht stechend. Stengel weißfilzig, ebenso Blattunterseite.
SV: Auf feuchten, nährstoffreichen, kalkarmen Böden: Gebüsche, Wiesen, Waldränder. Zentral- und Südalpen häufig. Bis 2000 m.

Stengellose Kratzdistel *Cirsium acaule* Korbblütengewächse *Asteraceae (Compositae)*

Juli – Sept.   5 – 20 cm   ♃

 K

B: Meist nur 1 kurzgestieltes Körbchen, 2,5 – 4,5 cm lang, inmitten einer großen Rosette. Blätter buchtig-fiederspaltig, nur am Rand bestachelt.
SV: Auf warmen, trockenen Kalk-Magerböden: Weiden, Magerrasen, Heiden, Gebüsch. Bis 2300 m. Zerstreut; Zentralalpen selten.

Nickende Distel *Carduus nutans* Korbblütengewächse *Asteraceae (Compositae)*

Juli – Sept.   30 – 100 cm   ☉

B: Körbchen einzeln am Stengelende, nickend, 4 – 7 cm im Durchmesser. Hüllblätter und Stengel stachelig. Blätter fiederspaltig, langstachelig.
SV: Auf kalkhaltigen, nährstoffreichen, aber humusarmen Böden: Ödland, Lägerflur, siedlungsnahe Matten. Bis 2000 m. Zerstreut.

Alpen-Distel *Carduus defloratus*
Korbblütengewächse *Asteraceae (Compositae)*

Juni – Okt.   30 – 100 cm   ♃

B: Körbchen einzeln am Stengelende und den Enden der wenigen, langen Zweige, 2 – 4,5 cm lang, aufrecht-waagrecht. Blätter lanzettlich, ungeteilt bis fiederspaltig, kahl, am Rand stachelig.
SV: Auf nährstoffreichen, gern kalkhaltigen Böden: Weiden, Heiden, Wälder. Bis 3000 m. Selten.

Berg-Distel *Carduus personata*
Korbblütengewächse *Asteraceae (Compositae)*

Juli – Aug.   50 – 150 cm   ♃

B: Körbchen am Stengelende knäuelig gehäuft, 1,5 – 2,5 cm lang. Hüllblätter langspitzig, kaum stechend. Stengel bestachelt. Blätter unterseits graufilzig.
SV: Auf meist kalkhaltigen, nassen, nährstoffreichen Böden: Ufergebüsch, Hochstaudenfluren. Bis etwa 2500 m. Selten.

Alpenscharte *Stemmacantha rhapontica* Korbblütengewächse *Asteraceae (Compositae)*

Juli – Sept.   30 – 120 cm   ♃

B: Ein einzelnes, endständiges Körbchen von 8 – 10 cm Durchmesser. Hüllschuppen rundlich, geschlitzt. Blätter bis 60 cm, lang eiherzförmig, gestielt.
SV: Auf feuchten, nährstoffreichen Böden: Schutt, Hochstaudenfluren, Steinrasen. 1400 – 2500 m. Selten. Zentral- und Südalpen.

Federige Flockenblume
Centaurea uniflora ssp. *nervosa*
Korbblütengewächse *Asteraceae (Compositae)*

Juli – Aug.   10 – 40 cm   ♃

B: 1 Blütenkörbchen am Stengelende, 4 – 6 cm im Durchmesser. Blätter gezähnt. Ganze Pflanze rauh behaart; graugrün.
SV: Auf feuchten, eher kalkarmen Böden: Wiesen, Steinrasen, Heiden, Krummholz. 1000 – 2600 m. Zentral- und Südalpen zerstreut, Norden selten, Nordosten fehlend.

Einköpfige Flockenblume *Centaurea uniflora* Korbblütengewächse *Asteraceae (Compositae)*

Juli – Sept.   5 – 30 cm   ♃

B: 1 Blütenkörbchen am Stengelende, 5 – 6 cm im Durchmesser. Blätter ganzrandig. Ganze Pflanze dicht weißfilzig behaart.
SV: Auf trockenen, warmen, nährstoffreichen Böden: steinige Matten, feinerdereiche Felsspalten. Kaum bis 2000 m. Westalpen (bis Grajische Alpen). Selten.

Perücken-Flockenblume *Centaurea pseudophrygia* Korbblütengewächse *Asteraceae (Compositae)*

Aug. – Sept.   15 – 60 cm   ♃

B: Stengel meist mit 2 – 4 Blütenkörbchen, 3 – 6 cm im Durchmesser. Blätter fein gesägt, kurzhaarig, grün, obere breit sitzend.
SV: Auf feuchten, humosen, gern kalkarmen Lehmböden im Halbschatten: Wiesen, Gebüsche, Wälder. Bis 2000 m. Zerstreut, öfters verschleppt. Formenreich.

Wiesen-Flockenblume *Centaurea jacea* Korbblütengewächse *Asteraceae (Compositae)*

Juni – Okt.　　30 – 100 cm　♃

B: 1 Blütenkörbchen am Stengelende, 3 – 5 cm im Durchmesser. Mittlere und obere Blätter ungeteilt, untere fiederspaltig.
SV: Auf nährstoffreichen, tiefgründigen Lehmböden: trockenere Wiesen und Matten, Gebüsche, Waldränder. Kaum bis 2000 m. Meist häufig.

Skabiosen-Flockenblume *Centaurea scabiosa* Korbblütengewächse *Asteraceae (Compositae)*

Juli – Aug.　　30 – 80 cm　♃

 K

B: Meist 1 Blütenkörbchen am Stengel, 3 – 6 cm im Durchmesser, Hülle schwarz. Alle Blätter fiederspaltig, Fiedern kerbzähnig.
SV: Auf nährstoffarmen, meist kalkreichen Trockenböden: Steinrasen, Bergwiesen, Gebüsch. Bis 2500 m. Zerstreut, örtlich häufig und massenhaft. Formenreich.

Wasserdost *Eupatorium cannabinum* Korbblütengewächse *Asteraceae (Compositae)*

Juli – Sept.　　70 – 150 cm　⊙–♃

B: Körbchen doldenartig am Stengelende, klein; Blüten unscheinbar. Blätter teilweise gegenständig, 3 – 5teilig. Teilblättchen gesägt.
SV: Auf feuchten, nährstoffreichen, meist kalkhaltigen Böden: Waldlichtungen, Ufer. Kaum bis 1500 m. Zerstreut, an seinen Standorten aber oft in großen Mengen.

Filziger Alpendost *Adenostyles leucophylla* Korbblütengewächse *Asteraceae (Compositae)*

Juli – Aug. 10 – 40 cm ♃

B: Körbchen am Stengelende dicht doldig. Alle Blätter gestielt, gleichmäßig gezähnt, unterseits weißfilzig. Stengel überall weißfilzig (Filz abwischbar!).
SV: Auf kalkarmen Steinböden: Felsschutt, Geröll, Moränen, Kiesbänke. 2000 – 3100 m. Zerstreut. West-(Zentral-)Alpen.

Kahler Alpendost *Adenostyles glabra* Korbblütengewächse *Asteraceae (Compositae)*

Juli – Aug. 30 – 80 cm ♃

B: Körbchen locker doldenartig am Stengelende. Obere Stengelblätter gestielt. Blätter gleichmäßig gezähnt. Stengel nur am Grund kahl, oben behaart.
SV: Auf kalkhaltigen, steinigen, feuchten Böden: Schutthalden, Hochstaudenfluren, Gebüsche, Wälder. 1000 – 2000 m. Zerstreut.

Grauer Alpendost *Adenostyles alliariae* Korbblütengewächse *Asteraceae (Compositae)*

Juni – Aug. 50 – 150 cm ♃

B: Blütenkörbchen doldenartig am Stengelende vereint. Obere Blätter stengelumfassend. Blätter unregelmäßig gezähnt, unterseits dicht spinnwebflockig.
SV: Auf feuchten, nährstoffreichen Lehmböden: Hochstaudenfluren, Wälder, Heiden. 1000 – 2700 m. Häufigste der 3 ähnlichen Arten.

Roter Alpenlattich *Homogyne alpina* Korbblütengewächse Asteraceae (Compositae)

Mai – Aug.　　　10 – 30 cm　　♃

B: 1 Körbchen am Stengelende, um 2,5 cm im Durchmesser. Hüllblätter braunrot. Stengel jung wollig. Blätter grundständig, lederig, dunkelgrün, nierenförmig.
SV: Auf sauren, steinigen, rohhumus- oder torfhaltigen, feuchten Böden: Schneetälchen, Matten, Gebüsche. Bis 3000 m. Zerstreut.

Filziger Alpenlattich *Homogyne discolor* Korbblütengewächse Asteraceae (Compositae)

Juni – Aug.　　　10 – 25 cm　　♃

 K

B: 1 Körbchen am Stengelende, um 1 cm im Durchmesser. Blätter grundständig, gestielt, rundlich-nierenförmig, gezähnt, zumindest unterseits dicht weißfilzig.
SV: Auf feuchtkühlen, humosen, oft kalkhaltigen Böden: Moore, Schneetälchen, Gebüsch. Bis 2500 m. Ostalpen; zerstreut.

Alpen-Pestwurz *Petasites paradoxus* Korbblütengewächse Asteraceae (Compositae)

März – Juni　　　15 – 30 cm　　♃

 K

B: Körbchen traubig angeordnet, um 8 mm im Durchmesser. Blütenschaft mit rötlichen Schuppenblättern. Grundblätter dreieckig, unten weißfilzig, erst während der Blütezeit sich entwickelnd.
SV: Auf kalkhaltigen, humusarmen, steinigen Böden: Geröll, Schutthalden, Ufer. Bis 2000 m. Häufig.

Zweihäusiges Katzenpfötchen
Antennaria dioica Korbblütengewächse *Asteraceae (Compositae)*

Mai – Juli   5 – 25 cm   ♃

B: 3 – 12 Körbchen in doldiger Traube am Stengelende, 5 – 10 mm im Durchmesser, rot, rosa oder weiß (am selben Standort!). Blätter spatelig, unterseits filzig.
SV: Auf kalkarmen, sandig-torfigen Böden: saure Matten, Heiden. Zerstreut, in den Zentralketten häufig. Weicht der Düngung.

Einblütiges Berufkraut
Erigeron uniflorus Korbblütengewächse *Asteraceae (Compositae)*

Juni – Sept.   5 – 20 cm   ♃

B: 1 Körbchen am Stengelende, 1,5 – 3 cm Durchmesser. Zungenblüten hellviolett, Röhrenblüten gelb. Blätter dicklich, am Rand gewimpert, ganzrandig, zungenförmig bis lanzettlich.
SV: Auf kalkarmen, sauren, steinigen Böden: Felsspalten, Grate, Schutt. Bis 3500 m. Zerstreut.

Alpen-Aster
Aster alpinus Korbblütengewächse *Asteraceae (Compositae)*

Juni – Sept.   5 – 30 cm   ♃

B: 1 endständiges Körbchen, 3 – 4,5 cm im Durchmesser; Scheibenblüten gelb, rotviolette – rosa Randblüten, zungenförmig. Blätter behaart, länglich-spatelig.
SV: Auf nährstoffreichen, meist kalkhaltigen, trockenwarmen Steinböden: Weiden, Rasen, Fels. Bis 3100 m. Zerstreut.

Roter Hasenlattich *Prenanthes purpurea* Korbblütengewächse *Cichoriaceae (Compositae)*

Juli – Aug. 60 – 160 cm ☉

B: Zahlreiche Blütenkörbchen in lockerer Rispe, je 3 – 5 Zungenblüten, 1,5 – 2 cm lang, grazil. Blätter kahl, mit herzförmigem Grund stengelumfassend.
SV: Auf nährstoffreichen, schwach sauren, humosen Böden: lichte Wälder, Hochstaudenfluren, Gebüsche. Bis 2000 m. Zerstreut.

Gold-Pippau *Crepis aurea* Korbblütengewächse *Cichoriaceae (Compositae)*

Juni – Sept. 5 – 25 cm ♃

B: Meist 1 endständiges Blütenkörbchen, um 1 cm im Durchmesser; nur Zungenblüten. Blätter rosettig, länglich, gezähnt-fiederspaltig, kahl. Mit Milchsaft.
SV: Auf feuchten, nährstoffreichen, kalkarm-sauren Lehmböden: Weiden, gedüngte Wiesen, Wege. Bis 2900 m. Häufig. Düngerzeiger.

Orangerotes Habichtskraut *Hieracium aurantiacum* Korbblütengewächse *Cichoriaceae (Compositae)*

Juni – Aug. 20 – 50 cm ♃

B: 2 – 10 Körbchen stehen doldenartig am Stengelende. Nur Zungenblüten. Blätter rosettig, länglich zungenförmig. Ganze Pflanze abstehend behaart.
SV: Auf kalkarmen, schwach sauren Böden: Wiesen, Matten, Zwergstrauchheiden. Auch Zierpflanze. 1000 – 2500 m. Zerstreut.

Schwarzrote Sitter *Epipactis atrorubens* Orchideengewächse *Orchidaceae*

Juni – Aug.   20 – 50 cm   ♃

B: Blüten in fast einseitswendiger Ähre, um 1 cm im Durchmesser, glockig. Lippe durch Querschnürung zweigeteilt. Blätter länglich-eiförmig, fast zweizeilig.
SV: Auf kalkreichen, humosen, trockenen, steinigen Böden: Latschengebüsch, lichte Kiefernwälder. Bis 2000 m. Selten.

Schwarzes Kohlröschen *Nigritella nigra* Orchideengewächse *Orchidaceae*

Juni – Aug.   10 – 30 cm   ♃

B: Kugelige, dichte Ähre. Blüten um 1 cm im Durchmesser, tief dunkelrot (selten gelbweiß). Lippe nach oben gerichtet, rinnig, spitz. Blätter lineal, schmal.
SV: Auf steinigen, sauren oder kalkhaltigen Magerböden: Matten, Bergwiesen. 1000 – 2800 m. Sehr zerstreut. Formenreich; Blütenfarbe!

Rotes Kohlröschen *Nigritella rubra* Orchideengewächse *Orchidaceae*

Mai – Juli   10 – 30 cm   ♃

B: Kugelig-pyramidenförmige, dichte Ähre; Blüten um 1 cm im Durchmesser, leuchtend rot. Lippe nach oben gerichtet, eiförmig zugespitzt. Blätter lineal, schmal.
SV: Auf kalkhaltigen, nährstoffarmen, steinigen Böden: magere Matten und Wiesen. 1500 – 2500 m. Sehr selten.

Große Händelwurz *Gymnadenia conopsea* Orchideengewächse *Orchidaceae*

Mai – Aug. 10 – 60 cm ♃

🌸 ▽ **K** ▬▬

B: Vielblütige, 5 – 20 cm lange Ähre. Blüten um 1 cm breit, kaum duftend. Sporn fast doppelt so lang wie Fruchtknoten (12 – 15 mm).
SV: Auf wechseltrockenen-feuchten, mageren Kalkböden: Moorwiesen, Halbtrockenrasen, Grasfluren, Gehölze. Bis 2500 m. Zerstreut – häufig (Kalkgebiete).

Wohlriechende Händelwurz *Gymnadenia odoratissima* Orchideengewächse *Orchidaceae*

Juni – Aug. 15 – 50 cm ♃

🌸 ▽ **K**

B: Vielblütige, 5 – 15 cm lange Ähre. Blüten um 1 cm breit, stark duftend. Sporn höchstens so lang wie Fruchtknoten (um 5 mm lang).
SV: Auf steinigen, nährstoffarmen, eher feuchten, kalkhaltigen Böden: Kiefernwälder, Quell- und Flachmoore, nährstoffarme Matten. Bis 2300 m. Zerstreut.

Kugelorchis *Traunsteinera globosa* Orchideengewächse *Orchidaceae*

Juni – Juli 20 – 50 cm ♃

  K

B: Kugelig-eiförmige, dichte Ähre. Blüten rosa-lila, um 15 mm Durchmesser; Lippe punktiert, 3lappig. Sporn kurz. Blätter aufrecht, schmal, blaugrün.
SV: Auf kalk- und nährstoffhaltigen, gut feuchten Steinböden: offene Bergwiesen. Bis 3000 m. Selten. Frostfest; lichthungrig (kümmert auf beschatteten Standorten).

Brand-Knabenkraut *Orchis ustulata* Orchideengewächse *Orchidaceae*

Mai – Juli 10 – 30 cm ♃

B: Walzliche, meist kurze Ähre. Blüten knapp 1 cm im Durchmesser. Lippe 4lappig, weißlich, rot gepunktet. Sporn kurz, dick, abwärts geneigt. Äußere Blütenblätter und Knospen braunrot.
SV: Auf nährstoffarmen, oft kalkhaltigen, steinigen, tiefgründigen Böden: sonnige Matten, Trockenrasen. Bis 2000 m. Selten.

Helm-Knabenkraut *Orchis militaris* Orchideengewächse *Orchidaceae*

Mai – Juni 25 – 50 cm ♃

  K

B: Lockere, reichblütige Ähre. Obere Blütenblätter blaßrosa, zusammengeneigt, Lippe dunkler, 1 – 2 cm lang, 4zipflig; Sporn kurz, dick, abwärts geneigt.
SV: Auf kalkhaltigen, trockenwarmen, nährstoffarmen Lehmböden: Raine, Magerrasen, Gebüsch. Bis 1800 m. Zerstreut – selten.

Stattliches Knabenkraut *Orchis mascula* Orchideengewächse *Orchidaceae*

Mai – Juli 20 – 50 cm ♃

B: Lange, lockere Ähre. Äußere Blütenblätter abstehend, Lippe 3lappig, oft heller, Sporn walzlich, waagrecht. Tragblätter der Blüten meist rotviolett.
SV: Auf nährstoff-, oft kalkarmen, schwach feuchten Lehmböden: Bergwiesen, Halbtrockenrasen, Gehölz. Bis 2600 m. Zerstreut.

Spitzels Knabenkraut *Orchis spitzelii* Orchideengewächse *Orchidaceae*

Mai – Juni 20 – 35 cm ♃

B: 10 – 20 Blüten in schmaler, bis 10 cm langer Ähre. Blüten um 2 cm lang. Obere Blütenblätter flach helmartig. Lippe 3lappig, dunkler gepunktet. Sporn sackartig, nach unten gerichtet, kurz.
SV: Auf kalkreichen, lockeren Böden: magere Matten, lichte Wälder. Bis 1800 m. Sehr selten.

Fleischrote Kuckucksblume
Dactylorhiza incarnata
Orchideengewächse *Orchidaceae*

Mai – Juli 20 – 60 cm ♃

  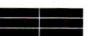

B: Walzliche, dichtblütige, bis 15 cm lange Ähre. Blüten fleischrot; Sporn walzlich, abwärts geneigt; Lippe fast rautenförmig, kaum 3lappig. Blätter kaum gefleckt.
SV: Feuchtebedürftig, etwas düngerliebend, sonst bodenvag: Moore, Feuchtwiesen, Gebüsche. Bis 1500 m. Selten (Kalkgebiete).

Gefleckte Kuckucksblume
Dactylorhiza maculata
Orchideengewächse *Orchidaceae*

Juni – Juli 20 – 60 cm ♃

B: Ähre erst pyramidenförmig, dann walzlich, 4 – 10 cm lang. Blüten sehr hell rosa. Sporn walzlich, abwärts geneigt. Lippe um 1 cm lang, ebenso breit, Mittelzipfel spitz.
SV: Auf feuchten, humosen Lehmböden: Wälder, ungedüngte Wiesen, Matten. Bis 2000 m. Zerstreut.

Traunsteiners Kuckucksblume
Dactylorhiza traunsteineri
Orchideengewächse *Orchidaceae*
Juli – Aug.   10 – 30 cm   ♃

B: 8 – 12 Blüten in lockerer Ähre, diese 3 – 10 cm lang, purpurrot; Lippe schwach 3lappig; Sporn kurzwalzlich. 3 – 4 aufrechte, lineal-lanzettliche Stengelblätter.
SV: Auf nassen, leicht sauren, humosen Sumpfböden: Quell- und Flachmoore. Bis 1900 m. Sehr selten; in starkem Rückgang.

Breitblättrige Kuckucksblume
Dactylorhiza majalis Orchideengewächse *Orchidaceae*
Mai – Juli   15 – 60 cm   ♃

B: Ähre erst pyramidenförmig, dann walzlich, 4 – 8 cm lang. Blüten purpurn. Lippe 3teilig, dunkler gezeichnet, breiter als lang. Sporn abwärts gerichtet, kürzer als der Fruchtknoten, kegelig. Blätter gefleckt.
SV: Auf feuchten Böden: Matten, Moore. Bis 2000 m. Zerstreut.

Holunder-Kuckucksblume
Dactylorhiza sambucina
Orchideengewächse *Orchidaceae*
April – Juni   15 – 30 cm   ♃

B: Eiförmige, später kurzwalzliche Ähre. Blüten rot (oder gelb); Lippe schwach 3lappig, Sporn walzlich, 1 – 1,5 cm lang, abwärts gerichtet.
SV: Auf trockenen, kalkarmen, nährstoffreichen, lehmigen Böden: Trockenrasen, Wiesen, lichte Wälder. Bis 2000 m. Selten.

Alpen-Klee *Trifolium alpinum*
Schmetterlingsblütengewächse
Fabaceae (Leguminosae)
Juni – Aug. 5 – 20 cm ♃

B: 3 – 12 Blüten in lockerem Köpfchen. Köpfchen 3 – 5 cm Durchmesser. Blüten fleischrot, duftend. Blätter dreiteilig; Teilblättchen bis 7 cm lang, bis 1 cm breit.
SV: Auf kalkarmen, steinigen, tiefgründigen Böden: Matten, Zwergstrauchheiden. Zwischen 1500 und 2500 m. Zentralalpen häufig.

Alpen-Süßklee *Hedysarum hedysaroides* Schmetterlingsblütengewächse *Fabaceae (Leguminosae)*
Juli – Aug. 10 – 40 cm ♃

 K

B: Nickende Blüten, um 2 cm lang, in langgestielten, blattachselständigen, 5 – 10 cm langen Trauben. Blätter unpaar gefiedert, obere fast gegenständig. Fiedern lanzettlich, 4 – 9 Paare.
SV: Auf nährstoffreichen Kalk-Lehmböden: Weiden, Steinrasen. Bis 2600 m. Zerstreut (Kalk) – selten.

Schopfige Kreuzblume *Polygala comosa* Kreuzblumengewächse *Polygalaceae*
Mai – Juni 5 – 25 cm ♃

B: 10 – 30 Blüten in pyramidenförmig-walzlicher Ähre, 5 mm im Durchmesser. Tragblätter an der Spitze der Ähre länger als ihre Knospen, daher in einem Schopf.
SV: Auf kalkhaltigen, trockenen, oft etwas steinigen, tiefgründigen Böden: Trockenrasen, Waldränder. Bis 1800 m. Zerstreut.

Edel-Gamander *Teucrium chamaedrys* Lippenblütengewächse *Lamiaceae (Labiatae)*

Juli – Aug. 15 – 30 cm ♄

 K

B: Einseitswendige Traube aus 2 – 6 zähligen, blattachselständigen Quirlen. Blüten 1 cm lang, karminrot – rosa, ohne Oberlippe. Blätter paarig, oval, stumpfzähnig.
SV: Auf trockenwarmen, mageren, kalkreichen Lehmböden: Steinrasen, Trockenwälder. Bis 1700 m. Kalkalpen zerstreut (Tallagen).

Schmalblättriger Hohlzahn *Galeopsis angustifolia* Lippenblütengewächse *Laminaceae (Labitae)*

Juni – Okt. 10 – 30 cm ☉–☉

B: Blüten in wenigen, 6 – 12 blütigen, entfernt stehenden, quirlartigen Teilblütenständen übereinander, 1,5 – 2,5 cm lang. Blätter kaum 5 mm breit, ganzrandig oder mit 1 – 4 kleinen Zähnchen.
SV: Auf steinigen, feinerdearmen Böden: Schutthalden, Geröll. Bis etwa 1800 m. Zerstreut.

Stechender Hohlzahn *Galeopsis tetrahit* Lippenblütengewächse *Lamiaceae (Labiatae)*

Juli – Okt. 10 – 80 cm ☉–☉

B: 10 – 16 Blüten endständig quirlig gehäuft, 1 – 2 cm lang. Stengel mit verdickten, borstig behaarten Knoten. Blätter eiförmig, 2 – 5 cm breit, gesägt.
SV: Auf nährstoffreichen, etwas feuchten, lockeren Lehmböden: Äcker, Unkrautstellen, Wege. Bis 2000 m. Zerstreut – häufig (Tal).

Alpen-Helmkraut *Scutellaria alpina* Lippenblütengewächse *Lamiaceae (Labiatae)*
Juni – Sept.   10 – 35 cm   ♃

 K

B: Blüten am Stengelende in meist 4 deutlichen Reihen übereinander, um 2,5 cm lang, violett. Blätter im Blütenstandsbereich oft violett überlaufen. Stengel niederliegend bis aufsteigend.
SV: Auf kalkreichen, steinigen, feuchten Böden: Felsschutt. Nur Westalpen. 1500 – 2500 m. Selten.

Gefleckte Taubnessel *Lamium maculatum* Lippenblütengewächse *Lamiaceae (Labiatae)*
April – Aug.   20 – 60 cm   ♃

B: 6 – 14blütige Quirle in den Achseln der oberen Blätter. Blüten 2 – 3 cm lang; Oberlippe hoch gewölbt. Blätter gegenständig, brennesselartig ohne Brennhaare.
SV: Auf feuchten, nährstoffreichen Lehmböden: Unkrautfluren, Ufer, Gehölze. Bis über 2000 m. Zerstreut, örtlich selten.

Alpen-Ziest *Stachys alpina* Lippenblütengewächse *Lamiaceae (Labiatae)*
Juni – Aug.   30 – 100 cm   ♃

 K

B: 5 – 15 übereinanderstehende, blattachselständige Blütenquirle, Blüten um 1,5 cm lang, fleisch- bis purpurrot; Oberlippe kürzer als die ungezeichnete Unterlippe.
SV: Auf kalkhaltigen, humus- und nährstoffreichen, lockeren Böden: feuchte Wälder, Hochstaudenfluren. Bis 1800 m. Selten.

Alpen-Kölme *Acinos alpinus*
Lippenblütengewächse
Lamiaceae (Labiatae)
Juni – Sept. 10 – 30 cm ♃

 K

B: Einige 4 – 8blütige Quirle am Stengelende übereinander. Blüten 1 – 2 cm lang, rotviolett. Blätter gegenständig, kurzstielig, eiförmig, ganzrandig-kleinzähnig.
SV: Auf steinigen, kalkhaltigen, humosen Böden: Fels, Steinrasen, lichte Gebüsche, Krummholz. Bis 2500 m. Zerstreut.

Wilder Dost *Origanum vulgare*
Lippenblütengewächse
Lamiaceae (Labiatae)
Juli – Okt. 30 – 60 cm ♃

 K

B: Blüten kopfig gehäuft am Stengel- und Astende und quirlig in den Blattachseln, um 5 mm lang, rosarot – purpurrot. Hochblätter oft rötlich überlaufen. Blätter eiförmig, schwach gezähnt.
SV: Auf kalkhaltigen, nährstoffreichen, lockeren Böden: Trockenrasen, Matten. Bis 2000 m. Häufig.

Gewöhnlicher Thymian *Thymus pulegioides* Lippenblütengewächse
Laminaceae (Labitae)
Juni – Okt. 5 – 25 cm ♃ – ♄

B: Blüten kopfig-endständig gehäuft, um 5 mm lang. Stengel kriechend-aufsteigend, 4kantig. Blätter gegenständig, eiförmig. Pflanze riecht aromatisch.
SV: Auf trockenen Böden: Felsschutt, Magerrasen, Weiden, Wege. Bis 3000 m. Zerstreut; über Kalk häufig. Viele Kleinarten.

Quirlblättriges Läusekraut *Pedicularis verticillata* Braunwurzgewächse *Scrophulariaceae*

Juni – Aug.   5 – 20 cm   ♃

  K

B: Blüten in kopfiger Traube am Stengelende, um 1,5 cm lang. Oberlippe stumpf. Unterlippe abstehend 3zipflig. Stengelhaare deutlich in 4 Reihen. Blätter zu 3 – 4 quirlständig, tief fiederteilig.
SV: Auf feuchten, kalkhaltigen, steinigen Böden: Matten, Schutthalden. Bis 2800 m. Zerstreut.

Gestutztes Läusekraut *Pedicularis recutita* Braunwurzgewächse *Scrophulariaceae*

Juni – Aug.   20 – 50 cm   ♃

  U

B: Blüten in dichter, langer Traube am Stengelende, bis 1,5 cm lang. Oberlippe stumpf. Kelch kahl. Stengelblätter wechselständig, fiederspaltig.
SV: Auf feuchten, nährstoffreichen, kalkarmen Böden: Quellfluren, Bachgebüsch. 1300 – 2500 m. Sehr zerstreut.

Rosarotes Läusekraut *Pedicularis rosea* Braunwurzgewächse *Scrophulariaceae*

Juni – Aug.   5 – 15 cm   ♃

  K

B: Wenige Blüten in kopfiger Traube, 1,5 – 1,8 cm lang, rosa. Oberlippe stumpf. Kelch dicht spinnwebig behaart. Blätter 3 – 10 cm lang, einfach gefiedert, kahl.
SV: Auf kalkreichen, steinigen Böden: felsige Matten, Schutthalden. Nur Südwestalpen zwischen 2000 und 3000 m. Sehr selten.

Bücheliges Läusekraut *Pedicularis gyroflexa* Braunwurzgewächse *Scrophulariaceae*

Juni – Juli 15 – 25 cm ♃

  K

B: Blüten in lockerer Traube, bis 3 cm lang, schief stehend. Oberlippe mit breitem, 2 – 3 mm langem Schnabel. Stengelblätter wechselständig, fein zerfiedert.
SV: Auf trockenen, kalkreichen Steinböden: Matten, Schutt, Felsen. Bis 2800 m. Süd(west)alpen selten; sonst sehr vereinzelt.

Geschnäbeltes Läusekraut
Pedicularis rostrato-capitata Braunwurzgewächse *Scrophulariaceae*

Juni – Aug. 5 – 15 cm ♃

  K

B: 3 – 15 Blüten in kugeliger Traube, um 2 cm lang, tief purpurrot, um 90° gedreht. Oberlippe mit 4 mm langem Schnabel. 2 – 4 fast gegenständige, kahle Stengelblätter. Stengel aufsteigend.
SV: Auf kalkhaltigen, steinigen, feuchten Böden: Matten, Felsspalten. 1200 – 2500 m. Zerstreut.

Fleischrotes Läusekraut *Pedicularis rostrato-spicata* Braunwurzgewächse *Scrophulariaceae*

Juli – Aug. 20 – 40 cm ♃

  K

B: Blüten in langer, schlanker Traube, bis 1,5 cm lang, hellrot, um 90° gedreht. Oberlippe mit 5 mm langem Schnabel. Stengelblätter wechselständig.
SV: Auf kalkhaltigen, steinigen, feuchten Böden: Matten, Felshänge. Südliche Kalkalpen selten, im Norden sehr zerstreut. Bis 2700 m.

Alpen-Waldrebe *Clematis alpina*
Hahnenfußgewächse
Ranunculaceae

Mai – Juli   1 – 3 m   ♄

B: Kriechendes oder mit den Blattstielen rankendes Holzgewächs. Blüten 2,5 – 4 cm lang. 10 – 12 gelblichweiße Honigblätter. Blätter doppelt oder einfach gefiedert.
SV: Auf kalkhaltigen, nährstoffarmen, humosen, steinigen Böden: Gebüsche, Wälder, Schutthalden, Felsen. Meist im Halbschatten. Bis 2300 m. Zerstreut.

Finger-Zahnwurz *Cardamine pentaphyllos* Kreuzblütengewächse *Brassicaceae (Cruciferae)*

April – Juni   25 – 50 cm   ♃

B: Blüten in gedrängter Traube, um 2 cm lang, blauviolett, 3 – 4 wechselständige Stengelblätter, gestielt, 5fingerig; an Rand und Stielgrund winzige Brutknospen.
SV: Auf kalk- und nährstoffreichen, feuchten Mullböden: schattige Laub- und Mischwälder. Bis 2100 m. Ostalpen. Zerstreut.

Zwiebeltragende Zahnwurz *Cardamine bulbifera* Kreuzblütengewächse *Brassicaceae (Cruciferae)*

April – Juni   30 – 70 cm   ♃

B: Blüten in kurzer, lockerer Traube, um 1,5 cm lang, blaßviolett-rosa. In den Blattachseln dunkelviolette, weizenkorngroße Brutknöllchen. Blätter 3 – 7teilig.
SV: Auf feuchten, kalk- und nährstoffreichen, mullhaltigen Böden: krautreiche Laub- und Mischwälder. Bis 1600 m. Zerstreut.

Blaue Gänsekresse *Arabis caerulea* Kreuzblütengewächse *Brassicaceae (Cruciferae)*

Juni – Aug. 5 – 12 cm ♃

✿ K ▬▬

B: Blüten in gedrängter, anfangs nickender Traube, etwa 5 mm lang, blaulila-weißlich. Wenige Stengelblätter, Grundblattrosette. Blätter spatelförmig, 3 – 7zähnig.
SV: Auf feuchten, humosen Kalkböden: Schutt, Fels, Schneetälchen. 1900 – 3500 m. Düngerliebend. Zerstreut, örtlich häufig.

Kreuz-Enzian *Gentiana cruciata* Enziangewächse *Gentianaceae*

Juni – Aug. 10 – 40 cm ♃

✿ ▽ K ▬▬

B: Blüten in den Achseln der mittleren und oberen Blätter, 2 – 2,5 cm lang, hellblau. Zipfel der Blüte flach ausgebreitet. Blätter gegenständig, lederig.
SV: Auf lockeren, kalk- und nährstoffreichen Böden: Trockenrasen, Gebüsche, Waldränder. Düngerfeindlich. Nur in den Kalkalpen bis etwa 1600 m. Selten.

Fransen-Enzian *Gentianella ciliata* Enziangewächse *Gentianaceae*

Aug. – Okt. 10 – 25 cm ⊙–♃

✿ ▽ K ▬▬

B: 1, selten einige endständige Blüten, 2 – 5 cm lang, Blütenzipfel vorn oft etwas eingerollt, am Rand mit langen Fransen. Blätter länglich-lineal, dünn.
SV: Auf lockeren, kalkhaltigen, eher trockenen Lehmböden: Matten, Bergwiesen, Heiden. Fast nur Kalkalpen; bis 2500 m. Zerstreut.

Zarter Enzian *Gentianella tenella*
Enziangewächse *Gentianaceae*
Juli – Sept. 2 – 10 cm ☉

B: Blüten einzeln, kaum 1 cm lang, mit 4 lanzettlichen, wenig ausgebreiteten Zipfeln, blaß blauviolett, im Schlund bärtig. Grundblätter früh verwelkt.
SV: Auf kalkarmen, steinigen, humosen Böden: schüttere Matten, Felsspalten, Grate, seltener in der Lägerflur oder auf Blockhalden. 1800 – 3000 m. Selten.

Zwerg-Enzian *Gentianella nana*
Enziangewächse *Gentianaceae*
Juli – Sept. 2 – 5 cm ☉

B: Blüten endständig an Stengel und Zweigen, 4 – 7 mm lang, hell blaulila, mit 4 oder 5 ausgebreiteten, eiförmig-stumpfen Zipfeln, im Schlund bärtig.
SV: Auf feuchten, kalkarmen Steinböden: Schutt, Moränen, Steinrasen. Fast nur in den Zillertaler Alpen und den Tauern. 2200 – 2800 m. Selten.

Feld-Enzian *Gentianella campestris*
Enziangewächse *Gentianaceae*
Juli – Okt. 5 – 20 cm ☉–☉

B: 5 – 30 Blüten in den oberen Blattachseln und am Stengelende, 1,5 – 3 cm lang, rotviolett, 4zipflig, im Schlund bärtig. Blätter spateligeiförmig. Grundblätter zur Blütezeit oft verwelkt.
SV: Auf kalk- und nährstoffarmen, steinig-sandigen Böden: Matten, Bergwiesen, wenig genutzte Weiden. Bis 2300 m. Selten.

Blattloser Ehrenpreis *Veronica aphylla* Braunwurzgewächse *Scrophulariaceae*

Juni – Aug.   1 – 8 cm   ♃

 K

B: 1 – 6 Blüten in kurzer Traube auf blattlosem Stiel, 6 – 8 mm im Durchmesser. Blätter rosettig, 1 – 2 cm lang, eiförmig, gezähnelt.
SV: Auf feuchten, steinig-lehmigen, humus- und kalkreichen Böden: Steinrasen, Felsspalten, Schneetälchen. Vor allem Kalkalpen. 1500 – 2800 m. Zerstreut.

Nesselblättriger Ehrenpreis *Veronica urticifolia* Braunwurzgewächse *Scrophulariaceae*

Mai – Juli   20 – 50 cm   ♃

  K

B: Blüten in mehreren, lockeren, vielblütigen Trauben. Blüten um 7 mm im Durchmesser, violett, dunkler geadert. Stengel rings kurzhaarig oder kahl. Blätter bis 10 cm lang, grob gezähnt.
SV: Auf kalkhaltigen, steinigen, feuchten Böden, schattenliebend: Bergwälder. Bis 1800 m. Zerstreut.

Gamander-Ehrenpreis *Veronica chamaedrys* Braunwurzgewächse *Scrophulariaceae*

April – Juli   15 – 30 cm   ♃

B: Lockere Trauben mit 10 – 30 Blüten in den obersten Blattachseln. Blüten um 1,2 cm im Durchmesser. Am aufsteigend-aufrechten Stengel 2 deutliche Haarreihen.
SV: Auf nährstoffreichem Boden: Wiesen, Weiden, Wege, Waldsäume. Bis 2200 m; zerstreut, in tieferen, wärmeren Lagen häufig.

Wald-Ehrenpreis *Veronica officinalis* Braunwurzgewächse Scrophulariaceae

Juni – Aug. 15 – 30 cm ♃

B: 15 – 25 Blüten in blattachselständigen Trauben, um 6 mm im Durchmesser, blaß blauviolett. Stengel kriechend oder aufsteigend. Blätter gegenständig, behaart, derb gesägt.
SV: Auf nährstoffarmen, sandig-torfigen Böden: Matten, trockene Wälder. Bis 2000 m. Zerstreut.

Felsen-Ehrenpreis *Veronica fruticans* Braunwurzgewächse Scrophulariaceae

Juni – Aug. 5 – 15 cm ♃

  K

B: 1 – 6 Blüten in kurzer Traube, 1 – 1,5 cm im Durchmesser, azurblau. Stengel am Grund holzig, verzweigt, aufsteigend. Blätter gegenständig, 1 – 2 cm lang.
SV: Auf trockenen, kalkreichen Steinböden: Fels, Schutt, Geröll. 1200 – 3000 m (oft verschwemmt). Häufig; Zentralalpen seltener.

Maßlieb-Ehrenpreis *Veronica bellidioides* Braunwurzgewächse Scrophulariaceae

Juni – Aug. 5 – 20 cm ♃

  U

B: 3 – 10 Blüten in dichter Traube, um 8 mm im Durchmesser, trübblau. Stengel mit 1 – 3 Paaren kleiner Blätter. Grundblätter rosettig, 3 – 4 cm lang, 1/3 so breit.
SV: Auf kalkfreien, rohhumushaltigen oder torfigen Böden: schüttere Matten, Gebüsche. 1500 – 3000 m. Zerstreut.

Alpen-Ehrenpreis *Veronica alpina*
Braunwurzgewächse
Scrophulariaceae

Juni – Aug.   2 – 15 cm   ♃

B: 5 – 15 Blüten in dichter Traube, 5 – 7 mm im Durchmesser, blaulila. Stengel aufrecht, gegenständig beblättert. Keine Rosette. Blätter eiförmig, 1 – 2,5 cm lang.
SV: Auf feuchten, oft kalkarmen, steinigen Lehmböden: Matten, Schneetälchen, Schutt. 1500 – 3200 m. Häufig; Südalpen selten.

Quendel-Ehrenpreis *Veronica serpyllifolia* Braunwurzgewächse
Scrophulariaceae

Juni – Aug.   5 – 15 cm   ♃

B: 5 – 20 Blüten in lockerer Traube bzw. in den Achseln der oberen Stengelblätter, 6 – 8 mm Durchmesser, blaßblau, dunkler geadert (ssp. *tenella*). Stengel bis zur Mitte niederliegend.
SV: Auf feuchten, nähr- und stickstoffreichen Böden: Quellfluren, Lägerfluren. Ab 1500 – 2000 m selten.

Ähriger Ehrenpreis *Pseudolysimachion spicatum* Braunwurzgewächse *Scrophulariaceae*

Juli – Sept.   10 – 40 cm   ♃

B: Meist eine, reichblütige, lange, spitz zulaufende Traube. Blüten um 1 cm im Durchmesser, blau(-lila). Stengelblätter gegenständig, bis 8 cm lang, spitz.
SV: Auf warmen, nährstoffreichen Böden: Rasen, Gebüsche, Heiden. Zerstreut, ab 1500 m selten. Bevorzugt in den Zentralalpen.

Bachbungen-Ehrenpreis *Veronica beccabunga* Braunwurzgewächse *Scrophulariaceae*

Mai – Aug. 20 – 60 cm ♃

B: Trauben blattachselständig, locker. Blüten tiefblau, knapp 1 cm im Durchmesser. Stengel rund. Blätter gegenständig, eiförmig, gekerbt, kurzstielig, kahl.
SV: Auf nährstoffreichen, schlammigen, oft überfluteten Böden: Gräben, Bachbette, Ufer, Quellen. Bis über 2300 m. Zerstreut.

Blaues Mänderle *Paederota bonarota* Braunwurzgewächse *Scrophulariaceae*

Juli – Aug. 10 – 20 cm ♃

 K

B: Dichte, oft niederhängende Traube. Blüten röhrig, bis 1,5 cm lang, Saum 4zipflig – 2lippig. Blätter eirundlich, gesägt.
SV: Auf kalkreichen, sonnigen, feinerdearmen Steinböden: Felsspalten, Blockschutt. Nur in den östlichen Kalkalpen ab Adamello. Bis 2500 m. Selten.

Teufelsabbiß *Succisa pratensis* Kardengewächse *Dipsacaceae*

Juli – Sept. 30 – 100 cm ♃

B: Köpfchen fast kugelig, 1,5 – 2,5 cm im Durchmesser. Blüten gleich groß, dunkelviolett, von schwarzen Borsten umgeben. Blätter gegenständig, eilanzettlich.
SV: Auf sauren, zeitweise feuchten Böden: Flachmoore, saure Wiesen, Quellfluren, lichte Wälder und lockere Gebüsche. Bis über 1500 m. Zerstreut.

Alpen-Akelei *Aquilegia alpina*
Hahnenfußgewächse
Ranunculaceae

Juni – Aug.   20 – 80 cm   ♃

B: 1 – 3 Blüten am kaum verzweigten Stengel, 5 – 8 cm im Durchmesser; 5 Blütenblätter mit geraden, am Ende wenig gebogenen Spornen. Blätter 2fach 3teilig, Teilblättchen tief und stumpf gezähnt.
SV: Auf feuchten, kalkhaltigen Mullböden im Schatten: Gebüsch, Waldränder. Bis 2600 m. Westalpen; selten. Bis Tonale/Vorarlberg.

Wald-Akelei *Aquilegia vulgaris*
Hahnenfußgewächse
Ranunculaceae

Mai – Juli   30 – 70 cm   ♃

B: 3 – 10 Blüten an verzweigtem Stengel, 3 – 5 cm im Durchmesser, mit 5 hakig gespornten Blütenblättern. Blätter gefiedert; Teilblättchen keilig-rundlich, gelappt.
SV: Auf humusreichen, lockeren Lehmböden: lichte Laub- und Mischwälder, seltener in Wiesen und trockenen Gebüschen. Braucht Sommerwärme. Bis 2000 m. Selten.

Schwarze Akelei *Aquilegia atrata* Hahnenfußgewächse
Ranunculaceae

Mai – Juli   30 – 80 cm   ♃

B: 3 – 10 Blüten an verzweigtem Stengel, 3 – 4 cm im Durchmesser, mit 5 hakig gespornten, dunkelvioletten Blütenblättern. Sonst wie die verwandte Wald-Akelei.
SV: Auf kalk- und humushaltigen Lehmböden: lichte Nadel- u. Mischwälder, Gebüsche, Flachmoore. Braucht Sommerwärme. Bis 2000 m. Selten (auch Zwischenformen).

Kleinblütige Akelei *Aquilegia einseleana* Hahnenfußgewächse *Ranunculaceae*

Juni – Juli   15 – 40 cm   ♃

B: Meist nur 1, höchstens 3 Blüten am meist unverzweigten Stengel, 2 – 3 cm im Durchmesser. Sporne der Blütenblätter fast gerade. Grundblätter doppelt dreiteilig.
SV: Auf kalkreichen, steinigen, etwas feuchten Böden: Gebüsche, lichte Wälder, Felsschutt, felsige Matten. Bis 1800 m. Selten.

Wald-Storchschnabel *Geranium sylvaticum* Storchschnabelgewächse *Geraniaceae*

Juni – Sept.   30 – 60 cm   ♃

B: Blüten in doldigen Rispen, 2,5 – 3,5 cm im Durchmesser, je 2 auf langgabeligem Stiel. Blätter handförmig, meist 6spaltig; Lappen breit, grob gezähnt.
SV: Auf nährstoff- und humusreichen, eher feuchten Böden: Bergwiesen, Ufer, Hochstaudenfluren, Wälder. Häufig, bis 2500 m.

Alpen-Lein *Linum alpinum* Leingewächse *Linaceae*

Juni – Aug.   10 – 30 cm   ♃

B: Blüten in den Blattachseln am Stengelende, um 2,5 cm im Durchmesser, tiefblau, nicht flach entfaltet. Stengel aufgebogen. Blätter wechselständig, zahlreich, lanzettlich kahl, ganzrandig.
SV: Auf kalkreichen, steinigen, trockenen Böden: trockene, ungedüngte Wiesen, Felsbänder, Schutthalden. 1500 – 2000 m. Selten.

Alpen-Mannstreu *Eryngium alpinum* Doldengewächse *Apiaceae (Umbelliferae)*
Juli – Sept. 30 – 80 cm ♃

B: Stachelige, nach oben zu amethystblau überlaufene Pflanze. Blüten klein, in großen, walzlichen Köpfchen, von fiedrig-stacheligen Hüllblättern umgeben.
SV: Auf kalkhaltigen Steinböden: Rasen, Weiden, Gebüsche. 1500 – 2500 m. Nur Süd- und Westalpen. Selten. Auch angebaut (Gebinde).

Tarant *Swertia perennis*
Enziangewächse *Gentianaceae*
Juli – Sept. 10 – 50 cm ♃

B: Blüten in lockeren Trauben oder Rispen, 2 – 3 cm im Durchmesser. Blütenblätter stahlblau, schwarzviolett punktiert und gestreift. Stengel kantig. Blätter gegenständig, sitzend.
SV: Auf nährstoffreichen, nassen, meist kalkhaltigen Böden: Quellfluren, Flachmoore, Sumpfwiesen. Bis über 2000 m. Sehr selten.

Tauernblümchen *Lomatogonium carinthiacum* Enziangewächse *Gentianaceae*
Aug. – Sept. 3 – 15 cm ☉

B: Blüten einzeln am Zweigende, langgestielt, 1 – 2 cm im Durchmesser, hellblau. Stengel 4kantig. Blätter gegenständig, eiförmig – lanzettlich; unterste stumpf.
SV: Auf sickerfeuchten, steinig-sandigen Lehmböden: Rasen, Ruheschutt, Schneetälchen. 1400 – 2600 m. Selten. Etwa Zermatt – Spittal.

Schwalbenwurz-Enzian *Gentiana asclepiadea* Enziangewächse Gentianaceae

Juli – Sept.   30 – 70 cm   ♃

B: Blüten endständig und in den Achseln der mittleren und oberen Blätter, 3 – 5 cm lang, dunkelblau, innen rotviolett punktiert. Blätter scheinbar zweireihig.
SV: Auf kalkhaltigen, feuchten, humusreichen Böden: Matten, lichte Wälder, Ufergebüsch. Bis über 2000 m. Zerstreut.

Großblütiger Enzian
Gentiana clusii
Enziangewächse *Gentianaceae*

Mai – Aug.   5 – 10 cm   ♃

B: Blüte stets einzeln, 5 – 6 cm lang, blau, innen nie olivgrün. (0 –)1 – 2 Paar Stengelblätter. Grundblätter 3 – 5 cm lang.
SV: Auf kalkhaltigen, gern feuchten Steinböden: Geröll, Matten, Flachmoore. 1200 – 2800 m. Nordalpen häufig; im Süden zerstreut bis selten (gegen Westen zu).

Alpen-Enzian *Gentiana alpina*
Enziangewächse *Gentianaceae*

Mai – Aug.   4 – 7 cm   ♃

B: Blüte stets einzeln, 3 – 4 cm lang, blau, innen mit olivgrünen Längsstreifen. Meist keine Stengelblätter. Grundblätter 1 – 2 cm lang.
SV: Auf kalkarmen, sauren, rohhumusreichen, steinigen, feuchten Böden: Feuchte und steinige Matten. West- und Südalpen auf kristallinem Gestein. 1800 – 2500 m. Östlich bis Comersee. Selten.

Kochs Enzian *Gentiana acaulis*
Enziangewächse *Gentianaceae*

Mai – Aug. 5 – 10 cm ♃

B: Blüte stets einzeln, 5 – 6 cm lang, blau, innen mit olivgrünen Längsstreifen. (0 –)1 – 2 Paar Stengelblätter. Grundblätter 4 – 10 cm lang, stumpflich, eiförmig.
SV: Auf sauren, kalkarmen, feuchten Steinböden: Matten, Magerrasen, Schutthalden. 1200 – 3000 m. Vorzugsweise in den Zentralalpen zerstreut; sonst sehr selten.

Frühlings-Enzian *Gentiana verna*
Enziangewächse *Gentianaceae*

April – Aug. 3 – 15 cm ♃

B: Blüten einzeln, 2,5 – 3 cm lang, tiefblau, mit 5 flach ausgebreiteten Blütenblattzipfeln. Stengel mit 1 – 3 Blattpaaren. Grundblätter 1 – 3 cm lang, lanzettlich.
SV: Auf kalkhaltigen, ungedüngten, steinigen, humosen Lehmböden: trockene Matten, quellige Rasen, Flachmoore, Zwergstrauchgebüsche. Bis 2500 m. Zerstreut.

Rundblättriger Enzian
Gentiana orbicularis
Enziangewächse *Gentianaceae*

Juli – Aug. 3 – 8 cm ♃

B: Blüten einzeln, 1,5 – 2,5 cm lang, blau, mit 5 flach ausgebreiteten Zipfeln. 1 – 2 Paar Stengelblätter. Grundblätter dichtrosettig, rundlich, um 1 cm lang.
SV: Auf kalkreichen, sonnenwarmen Steinböden: Felsen, Schutt, Matten. Nur auf Kalk. 2000 – 2800 m. Selten; örtlich oft zahlreich.

Kurzblättriger Enzian *Gentiana brachyphylla* Enziangewächse *Gentianaceae*

Juli – Aug. 3 – 6 cm ♃

  U

B: Blüten einzeln, um 2 cm lang, tiefblau, mit 5 flach ausgebreiteten Blütenblattzipfeln auf auffällig zarter Kronröhre. Zipfel außen leicht grünlich. Grundblätter kaum 1 cm lang, eiförmig.
SV: Auf kalkarmen, feuchten, steinigen Böden: steinige Matten, Schutt. 2000 – 3500 m. Selten.

Bayerischer Enzian *Gentiana bavarica* Enziangewächse *Gentianaceae*

Juli – Sept. 5 – 20 cm ♃

B: Blüten einzeln, 2 – 3 cm lang, tiefblau, mit 5 flach ausgebreiteten, stumpflichen Zipfeln. 3 – 4 Paar Stengelblätter. Grundblätter dicht, doch nicht rosettig; um 1 cm lang.
SV: Auf nährstoffreichen, feuchtkühlen, lockeren Böden: Schneetälchen, Moore, Schutt. Bis 3600 m. Zerstreut. Formenreich.

Aufgeblasener Enzian
Gentiana utriculosa
Enziangewächse
Gentianaceae

Mai – Aug. 10 – 20 cm

  K

B: Einzelne Blüten an Stengel- und Astenden, 1,5 – 2,5 cm lang. Kelch auffallend weit, dazu erhaben, ja geflügelt, kantig. Stengel kantig. Grundblätter bald verwelkend.
SV: Auf nassen, kalkreichen Böden: Flachmoore, quellige Matten. 500 – 2500 m. Selten.

Schnee-Enzian *Gentiana nivalis*
Enziangewächse *Gentianaceae*
Juli – Sept. 3 – 20 cm ☉

  K

B: Niedrige Einzelblüte oder dichte Büschel himmelblauer, um 2 cm langer Blüten. Pflanze zart, kein Trieb ohne Blüte. Obere Blätter spitz, untere klein, stumpf.
SV: Auf nicht zu trockenen, sonnigen, mageren, gern kalkhaltigen Steinböden: Rasen, Felsbänder. 1600 – 2900 m. Kalkgebiete zerstreut, sonst seltener.

Deutscher Enzian *Gentianella germanica* Enziangewächse *Gentianaceae*
Aug. – Okt. 5 – 40 cm ☉

  K

B: 1 – 50 Blüten in den Blattachseln und an den Zweigenden, um 3 cm lang, rotviolett. Blüte im Schlund bärtig. Kelch randlich nicht bewimpert.
SV: Auf steinigen, ungedüngten, kalkreichen, humosen Lehmböden: Trockenrasen, steinige Matten. Meist unter 1500 m. Selten.

Bitterer Enzian *Gentianella amarella* Enziangewächse *Gentianaceae*
Juni – Okt. 5 – 40 cm ☉

 **U**

B: 3 – 30 Blüten in langer Traube, violett (öfters rotstichig), 1 – 2 cm lang, Schlund bärtig. Grundblätter zur Blüte meist verdorrt. Stengelblätter ei-lanzettlich.
SV: Auf feuchten, nährstoffarmen Böden: Matten, Flachmoore, Gebüsch. Bis 1800 m. Zentralalpen; selten: Inn-Adda-Etsch-Dreieck.

Ästiger Enzian *Gentianella ramosa*
Enziangewächse *Gentianaceae*

Juli – Sept. 3 – 25 cm ☉

B: 10 – 80 Blüten in den Blattachseln und an den Zweigenden, 1,5 – 2 cm lang, blaß rotviolett („lila"). Blüte im Schlund bärtig. Kelchzipfel etwa gleichlang.
SV: Auf ungedüngten, kalkarmen, steinigen Böden: Matten, Weiden. Zentral- und Südalpen zwischen Grajischen Alpen und Brenner-Stilfser Joch. 1800 – 3000 m. Selten.

Himmelsleiter *Polemonium caeruleum* Sperrkrautgewächse *Polemoniaceae*

Juni – Aug. 30 – 80 cm ♃

B: Dichte, endständige Rispe. Blüten um 2 cm im Durchmesser, mit 5 stumpfen Zipfeln. Blätter wechselständig, unpaarig gefiedert, Fiedern lanzettlich.
SV: Auf feuchten, nährstoffreichen, oft steinigen Böden: Ufer, Feuchtwiesen, Geröll, Gebüsch. Bis 2300 m. Selten (Zierstaude).

Natternkopf *Echium vulgare*
Borretschgewächse *Boraginaceae*

Juni – Sept. 30 – 120 cm ♃

B: Blüten einzeln oder zu mehreren in den Blattachseln der oberen Stengelhälfte, etwas zweiseitig-symmetrisch, erst rot, dann blau. Pflanze zerstreut borstig.
SV: Auf sandigen oder steinigen, lockeren, humusarmen, lehmigen Böden (Tiefwurzler): Ödland, Wegränder, Raine, Trockenrasen. Meist nur bis 1200 m. Zerstreut.

Alpen-Vergißmeinnicht *Myosotis sylvatica* ssp. *alpestris* Borretschgewächse *Boraginaceae*

Mai – Sept. 5 – 25 cm ♃

B: Wenige Blüten in kurzen, gestielten Trauben, 0,5 – 1 cm im Durchmesser, blau mit gelbem Schlund. Lockere, aufrechte Büschel. Blätter über 2 cm lang.
SV: Auf nährstoffreichen, etwas feuchten Böden: Gehölze, Steinrasen, Staudenfluren. 1400 – 3100 m. Häufig. Sehr formenreich.

Himmelsherold *Eritrichium nanum* Borretschgewächse *Boraginaceae*

Juli – Aug. 1 – 5 cm ♃

B: 1 – 6 Blüten auf kurzen Stielen, 0,5 – 1 cm im Durchmesser, himmelblau, mit gelbem Schlundring. Pflanze bildet dichte, seidig behaarte Polster.
SV: Auf kalkarmen, steinigen, sauren Böden: Felsspalten, Grate, Schutthalden. Zentral- und Südalpen (auch auf Dolomit). Meist zwischen 2000 und 3000 m. Sehr selten.

Kugelige Teufelskralle *Phyteuma orbiculare* Glockenblumengewächse *Campanulaceae*

Mai – Sept. 10 – 40 cm ♃

B: Blüten in endständigem, vielblütigem, kugeligem Kopf, 1 – 1,5 cm lang, blauviolett. Grundblätter eiförmig-lanzettlich, mit Stiel, am Rand kerbig gezähnt.
SV: Auf kalkhaltigem, oft steinigem Lehmboden (selten Torf): Matten, lichte Wälder, Felsen, Schutt. Bis 2600 m. Zerstreut.

Schmalblättrige Teufelskralle
Phyteuma hemisphaericum
Glockenblumengewächse
Campanulaceae

Juli – Aug.   5 – 30 cm   ♃

B: Blüten in endständigem, vielblütigem, kugeligem Kopf, 1 – 1,5 cm lang, blauviolett. Grundblätter 1 – 2 cm breit, grasartig, ganzrandig.
SV: Auf kalkarmen, sauren, rohhumushaltigen Lehmböden: steinige Matten, Felsschutt, Moränen, Geröll. 1800 – 3000 m. Zerstreut.

Ziestblättrige Teufelskralle
Phyteuma betonicifolium Glockenblumengewächse *Campanulaceae*

Juli – Aug.   20 – 60 cm   ♃

B: Blüten in eiförmig-walzlicher Ähre, um 1 cm lang, hellblau, auch als Knospe geradgestreckt. Stengelblätter klein, sitzend, Grundblätter gestielt, eiförmig.
SV: Auf kalkarmen, sauren, steinigen Böden: Wiesen, Matten, Zwergstrauchheiden, Wälder. Bis 2700 m. Zerstreut. Formenreich.

Armblütige Teufelskralle
Phyteuma globulariifolium Glockenblumengewächse *Campanulaceae*

Juli – Sept.   3 – 7 cm   ♃

B: Blüten in endständigem, 2 – 7blütigem Köpfchen, kaum 1 cm lang, blauviolett. Grundblätter spatelig-eiförmig, 1 – 1,5 cm lang, ganzrandig oder vorne gezähnt.
SV: Auf steinigen, sauren, humusreichen Böden: Grate, Felsspalten, Schutt, lückige Matten. 2000 – 3500 m. Sehr selten.

Bärtige Glockenblume
Campanula barbata Glockenblumengewächse *Campanulaceae*
Juni – Aug.   10 – 50 cm   ♃

B: Traube aus 2 – 12 nickenden, innen behaarten, hellvioletten Blüten von 1,5 – 3 cm Länge. Kelchzipfel um 0,5 cm lang. Blätter länglich, beidseits borstig.
SV: Auf eher kalkarmen, etwas feuchten, sauren Böden: Weiden, Rasen, Gebüsche. Bis 2800 m. Zerstreut; Zentralalpen häufiger.

Büschel-Glockenblume
Campanula glomerata Glockenblumengewächse *Campanulaceae*
Mai – Sept.   15 – 70 cm   ♃

 K

B: Blüten in den Achseln der oberen Stengelblätter und gehäuft am Stengelende, 1,5 – 2,5 cm lang, blauviolett. Untere Blätter abgerundet oder herzförmig. Ganze Pflanze weichhaarig.
SV: Auf nährstoffreichen, kalkhaltigen, steinigen Lehmböden: Wiesen. Bis 1800 m. Zerstreut.

Alpen-Glockenblume
Campanula alpina Glockenblumengewächse *Campanulaceae*
Juli – Aug.   5 – 20 cm   ♃ – ☉

 U

B: Kurze Traube aus (1)2 – 15 nickenden, innen behaarten, violetten Blüten von 1,5 – 2,5 cm Länge. Kelchzipfel 1 – 2 cm lang. Blätter lanzettlich, weichwollig.
SV: Auf schwachfeuchten, kalk- und nährstoffarmen Lehmböden: Steinrasen, Heiden. Bis 2400 m. Selten. Nur Ostalpen (ab Isar).

Kleine Glockenblume *Campanula cochleariifolia* Glockenblumengewächse *Campanulaceae*

Juni – Sept.   5 – 15 cm   ♃

B: Einzelblüte oder wenige Blüten in lockerer Rispe, 1,5 – 2 cm lang, schmalglockig, nickend, blaß blauviolett. Grundblätter kürzer als ihr Stiel, herzförmig, früh vertrocknend.
SV: Auf steinigen, sickerfeuchten, kalkhaltigen Böden: Spalten, Schutt. Bis 3000 m. Zerstreut.

Scheuchzers Glockenblume
Campanula scheuchzeri Glockenblumengewächse *Campanulaceae*

Juli – Aug.   5 – 40 cm   ♃

B: 1 – 6 aufrechte Blüten (Knospe nickend!), um 2 cm lang, tiefviolett, weitglockig. Rundliche, langgestielte Grund-, sitzende, lanzettliche Stengelblätter.
SV: Auf nährstoffarmen, humosen, leicht sauren Steinböden: Rasen, Schutt, Heiden. Bis 3100 m. Zerstreut. Einige ähnliche Arten.

Rautenblättrige Glockenblume
Campanula rhomboidalis Glockenblumengewächse *Campanulaceae*

Juli – Aug.   20 – 70 cm   ♃

B: Blüten in einseitswendiger Traube, nickend, 1,5 – 2 cm lang, blauviolett. Stengelblätter 1 – 2 cm breit und 2 – 4 cm lang, eiförmig, schwach gekerbt.
SV: Auf kalkhaltigen, lehmigen, nährstoffreichen Böden: feuchte Wiesen, Matten. Westalpen bis Engadin. Bis 1800 m. Selten.

Insubrische Glockenblume
Campanula raineri Glockenblumengewächse *Campanulaceae*

Juni – Aug.   5 – 10 cm   ♃

 K

B: Meist 1 endständige Blüte, aufrecht, sehr weitglockig, 3 – 4 cm im Durchmesser, hellblau. Stengel kurz, beblättert. Blätter eiförmig, gekerbt-gezähnt.
SV: Auf kalkhaltigen, lockeren Steinböden: Fels, Schutt. 1200 – 2200 m. Selten. Nur Südalpen zwischen Etsch und Ticino (Tessin).

Mont-Cenis-Glockenblume
Campanula cenisia Glockenblumengewächse *Campanulaceae*

Juli – Sept.   1 – 5 cm   ♃

 K

B: Blüten einzeln, 1,5 cm lang, hellblau, langzipflig, weit spreizend. Stengel bogig aufsteigend, beblättert, unten kahl, oben behaart. Blätter ganzrandig, dick.
SV: Auf kalkhaltigen, steinig-grusigen-sandigen Böden: auf kleinkörnigem Felsschutt, Graten, Geröll. 2000 – 3000 m. Selten.

Dunkle Glockenblume
Campanula pulla Glockenblumengewächse *Campanulaceae*

Juli – Aug.   5 – 25 cm   ♃

B: Blüten einzeln, nickend, um 2 cm lang, dunkelviolett, trichterig-glockig. Stengel oben spärlich und klein beblättert. Blätter oval, kahl, glatt, gekerbt.
SV: Auf feuchten, gern kalkreichen Steinböden: Schneetälchen, Schutt, Matten, Ufer. Bis 2200 m. Selten. Nordostalpen und Tauern.

Samt-Glockenblume *Campanula elatine* Glockenblumengewächse *Campanulaceae*

Juli – Sept.   10 – 30 cm   ♃

 K

B: Zahlreiche Blüten in fast allseitswendigem Blütenstand, zu 1 – 3 in den Achseln von Stengelblättern, sehr schmalzipflig, mit heraushängendem Griffel, 2 cm im Durchmesser. Blätter herzförmig, grob gezähnt, dichthaarig.
SV: Nur in den Bergamasker Alpen auf Kalk. 1000 – 2000 m. Selten.

Dolomiten-Glockenblume
Campanula morettiana Glockenblumengewächse *Campanulaceae*

Juli – Sept.   3 – 10 cm   ♃

 K

B: Blüten einzeln, aufrecht, 2 – 3 cm lang, weitglockig. Blätter mit aufrecht abstehenden, weißen Borsten, breitoval-herzförmig, gestielt; Rand gezähnt.
SV: In Ritzen senkrechter Kalkwände, weniger im Schutt. 1500 – 2200 m. Selten. Nur in den Südalpen (Veltlin – Ampezzotal).

Ähren-Glockenblume *Campanula spicata* Glockenblumengewächse *Campanulaceae*

Juni – Aug.   10 – 70 cm   ☉

B: Zahlreiche Blüten in langer Ähre, um 2 cm lang, blauviolett. Stengel meist unverzweigt, rauhhaarig. Grundblätter schmal-lanzettlich, Stengelblätter sitzend.
SV: Auf kalkhaltigen, felsigen Böden in warmer Lage: trockene Rasen, Felsen, Schutthalden. Bis etwa 2000 m. Zerstreut.

Nesselblättrige Glockenblume
Campanula trachelium Glockenblumengewächse Campanulaceae

Juli – Aug.   50 – 100 cm   ♃

B: Viele Blüten in beblätterter Traube, 3 – 4 cm lang; die Zipfel bewimpert. Blätter grob doppelt gesägt, steif behaart, obere sitzend, untere langgestielt.
SV: Auf nährstoffreichen, durchsickerten Mullböden. Wärmeliebende Schattenpflanze: Wälder, Gebüsche. Bis 1700 m. Zerstreut.

Hallers Küchenschelle
Pulsatilla halleri Hahnenfußgewächse Ranunculaceae

März – Juni   5 – 25 cm   ♃

B: Blüten einzeln, aufrecht, 5 – 7 cm im Durchmesser, hellviolett, außen behaart. Griffel bis 4 cm lang. Stengel weißzottig. Grundblätter erst nach der Blütezeit voll entwickelt, grob gefiedert.
SV: Auf trockenen, sommerheißen Böden: Steiermark, Wallis, Westalpen. Bis 3000 m. Sehr selten.

Niederliegender Enzian
Gentiana prostrata Enziangewächse Gentianaceae

Juli – Aug.   2 – 8 cm   ☉

  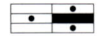

B: Blüten einzeln, endständig, aufrecht, 1 – 2 cm lang mit 8 – 10 ausgebreiteten, etwas ungleichen Zipfeln. Stengel niederliegend-aufsteigend. Blätter oval.
SV: Auf feuchten, nährstoffreichen Steinböden: Rasen, Weiden, Schutt. 2000 – 2800 m. Sehr zerstreut. Ostalpen und Graubünden.

Echte Alpenscharte *Saussurea alpina* Korbblütengewächse *Asteraceae (Compositae)*

Juli – Aug.   5 – 20 cm   ♃

 U

B: 3 – 12 Blütenkörbchen kurzdoldig am Stengelende, etwa 1 cm im Durchmesser, fast doppelt so lang. Nur rotviolette Röhrenblüten. Stengel aufrecht, etwas filzig behaart. Blätter unten filzig.
SV: Auf steinigen, kalkfreien Böden: Grate, Felsspalten, Felsschutt. 1800 – 3000 m. Selten.

Zwerg-Alpenscharte *Saussurea pygmaea* Korbblütengewächse *Asteraceae (Compositae)*

Juli – Aug.   5 – 20 cm   ♃

 K

B: Stets nur 1 endständiges Blütenkörbchen, um 3 cm im Durchmesser, 2 – 4 cm lang. Nur blauviolette Röhrenblüten. Stengel filzig, Blätter rauh, unten grau.
SV: Auf kalkhaltigen, steinig-lehmigen Böden: Felsspalten, Matten, Schutt. 1500 – 2500 m. Selten. Östliche Kalkalpen (Etsch – Isar).

Zweifarbige Alpenscharte *Saussurea discolor* Korbblütengewächse *Asteraceae (Compositae)*

Juli – Sept.   5 – 30 cm   ♃

B: 3 – 8 Blütenkörbchen locker kurzdoldig am Stengelende, 1,5 – 2 cm lang, 0,5 – 1 cm im Durchmesser. Nur rotviolette Röhrenblüten. Stengel dicht filzig behaart. Blätter unten weißfilzig.
SV: Auf meist kalkhaltigen, steinig-lehmigen Böden: Matten, Felsspalten. 1500 – 2800 m. Selten.

Berg-Flockenblume *Centaurea montana* Korbblütengewächse *Asteraceae (Compositae)*

Mai – Okt.   20 – 60 cm   ♃

B: 1 – 6 langgestielte Blütenkörbchen, 4 – 6 cm im Durchmesser; Randblüten blau, vergrößert, röhrenförmig. Hülle grün-schwarz. Blätter herablaufend, weißfilzig.
SV: Auf feuchten, nährstoffreichen, gern kalkhaltigen Lehmböden: Gehölze, Heiden, Matten. Bis 2100 m. Zerstreut; oft zahlreich.

Französischer Milchlattich *Cicerbita plumieri* Korbblütengewächse *Cichoriaceae (Compositae)*

Juli – Aug.   50 – 150 cm   ♃

B: Körbchen doldig-rispig am Stengelende, 4 – 5 cm im Durchmesser. Körbchenstiele und Hülle kahl. Stengel kahl. Blätter kahl, graugrün, unterseits blaugrün.
SV: Auf feuchten, kalkarmen Böden: Geröllhalden, Hochstaudenfluren. Bis 1800 m. Sehr selten. Nur Westalpen (bis Westwallis).

Alpen-Milchlattich *Cicerbita alpina* Korbblütengewächse *Cichoriaceae (Compositae)*

Juli – Sept.   50 – 200 cm   ♃

B: Körbchen ährig-rispig am Stengelende, 2 – 3 cm im Durchmesser. Pflanze im oberen Teil rotbraun drüsig behaart. Blätter dunkelgrün, unterseits blaugrün.
SV: Auf feuchten, nährstoff- und oft kalkreichen Böden: Bergwälder, Hochstaudenfluren. 1000 – 2200 m. Zerstreut – sehr selten.

Gescheckter Eisenhut *Aconitum variegatum* Hahnenfußgewächse *Ranunculaceae*

Juli – Sept.　　50 – 150 cm　　♃

B: Blüten in einfachen oder verästelten Trauben. Helm doppelt so hoch wie breit. Blüten hellviolett, oft etwas gescheckt. Blütenstiele kahl. Untere Blätter meist nicht völlig geteilt.
SV: Auf feuchten, nährstoffreichen Böden: Hochstaudenfluren, Gebüsche. Bis 2000 m. Selten.

Blauer Eisenhut *Aconitum napellus* Hahnenfußgewächse *Ranunculaceae*

Juni – Aug.　　50 – 150 cm　　♃

B: Blüten in einfachen oder verästelten Trauben. Helm nicht höher als breit. Blüten einfarbig blau-violett. Blütenstiele oft flaumhaarig. Blätter bis zum Grund handförmig geteilt.
SV: Auf feuchten, nährstoffreichen Böden: Weiden, Gehölze, Uferfluren. Bis 2900 m. Zerstreut.

Hoher Rittersporn *Delphinium elatum* Hahnenfußgewächse *Ranunculaceae*

Juni – Juli　　60 – 150 cm　　♃

B: Blüten gestielt, in langer, lockerer Traube, mit Sporn über 3 cm lang. Sporn oft runzelig. Alle Blätter stengelständig, tief handförmig geteilt.
SV: Auf feuchten, nährstoffhaltigen Böden: Hochstaudenfluren, Ufergebüsche, lichte Wälder. 1200 – 2000 m. Sehr selten.

Berg-Spitzkiel *Oxytropis jacquinii*
Schmetterlingsblütengewächse
Fabaceae (Leguminosae)

Juli – Aug.   5 – 15 cm   ♃

 K

B: 5 – 15 Blüten in locker-kopfiger Traube, 1 – 1,5 cm lang, blau-violett. Schiffchen spitz. Blätter gefiedert, 9 – 39 Teilblättchen, je 0,5 – 1 cm lang, 2 – 4 mm breit.
SV: Auf steinigen, lockeren, oft lehmigen Böden: steinige Rasen und Matten, verfestigter Schutt. 1500 – 2500 m. Zerstreut.

Zaun-Wicke *Vicia sepium*
Schmetterlingsblütengewächse
Fabaceae (Leguminosae)

Mai – Aug.   30 – 60 cm   ♃

B: 2 – 5 Blüten in kurzstieligen, blattachselständigen Trauben, 1 – 1,5 cm lang, violett-trübblau. Blätter gefiedert, 8 – 16 eiförmige Teilblättchen und Endranke.
SV: Auf nährstoffhaltigen Lehmböden: Wiesen, Wege, Viehläger, Gebüsch. Bis 1500 m häufig, vereinzelt bis 2100 m. Formenreich.

Vogel-Wicke *Vicia cracca*
Schmetterlingsblütengewächse
Fabaceae (Leguminosae)

Juni – Aug.   30 – 150 cm   ♃

B: 10 – 40 Blüten in langstieligen, blattachselständigen Trauben, 0,7 – 1,5 cm lang, violett. Blätter gefiedert, 12 – 30 schmale Teilblättchen und Endranke.
SV: Auf nährstoffreichen, tiefgründigen Lehmböden: Äcker, Wiesen, Gebüsche. Bis über 2000 m. Zerstreut. Sehr vielgestaltig.

Alpen-Kreuzblume *Polygala alpina*
Kreuzblumengewächse
Polygalaceae

Juni – Aug. 2 – 6 cm ♃

 K

B: Kleine seitenständige Trauben mit 3 – 9 Blüten. (Mitteltrieb der Rosette stets blütenlos!) Blüten hellblau oder weißblau, selten weiß, kaum 5 mm lang. Grundblätter in der oberen Hälfte am breitesten.
SV: Auf kalkhaltigen, steinigen Böden: Schutt. Schlern, Engadin, Graubünden. Westalpen. Sehr selten.

Bittere Kreuzblume *Polygala amarella* Kreuzblumengewächse
Polygalaceae

Mai – Juni 5 – 15 cm ♃

 K

B: Reichblütige Trauben aus dem Rosettenmittelpunkt. Blüten meist sattblau, um 5 mm lang. Blätter rundlich bis länglich, beim Kauen sehr bitter schmeckend.
SV: Auf feuchten, humosen, kalkreichen Böden: Wiesen, Matten, Geröll. Bis 2500 m. Zerstreut, Kalkalpen häufig. Sehr formenreich.

Alpen-Veilchen *Viola calcarata*
Veilchengewächse *Violaceae*

Mai – Aug. 5 – 10 cm ♃

B: Blüten meist einzeln, 2,5 – 4 cm lang, dunkelviolett mit auffallend gelbem Schlund. Alle Blätter grundständig, 2 – 3 cm lang, 0,5 – 1 cm breit, gekerbt.
SV: Auf steinigen, nährstoffreichen, auch kalkarmen, durchrieselten Böden: Lawinenrunsen, steinige Matten, Schutthalden. 1500 – 2500 m. Zerstreut.

Dubys Veilchen *Viola dubyana*
Veilchengewächse *Violaceae*
Mai – Juli   10 – 25 cm   ♃

B: Blüten einzeln oder wenige auf langen Stielen, 2, – 2,5 cm lang. Stengel beblättert. Alle Blätter gestielt, die unteren ei-rund, obere länglich; Rand mit wenigen Kerbzähnen.
SV: Auf kalkreichen, nährstoffarmen Steinböden: Rasen, Schutt, Felsritzen. 1000 – 2100 m. Selten. Nur Südalpen: Comer See – Etsch.

Geröll-Veilchen *Viola cenisia*
Veilchengewächse *Violaceae*
Juni – Aug.   5 – 10 cm   ♃

B: Blüten einzeln, 2 – 2,5 cm lang, hellviolett, nur kleiner, gelber Schlund. Stengel beblättert. Pflanze rasenbildend. Grundblätter breit eiförmig, ganzrandig.
SV: Auf kalkreichen, steinig-lockeren Böden: fast ausschließlich auf noch nicht verfestigtem Schutt. Westalpen (bis zum Säntis). 1800 – 2800 m. Selten.

Fieder-Veilchen *Viola pinnata*
Veilchengewächse *Violaceae*
Mai – Juni   4 – 10 cm   ♃

B: Blüten einzeln auf kahlem Stiel, 1 – 1,5 cm lang, blaßviolett. Alle Blätter grundständig, langgestielt, handfiederteilig mit 5 – 9 länglichen Abschnitten.
SV: Auf nährstoffarmen, kalkhaltigen, etwas feuchten Steinböden: Fels, Schutt, Steinmatten. 1000 – 2500 m, in den Zentralalpen auch tiefer (600 m).

Sumpf-Veilchen *Viola palustris* Veilchengewächse *Violaceae*
Mai – Juli   5 – 15 cm   ♃

B: Blüten einzeln auf kahlem Stiel, 1,5 – 2 cm lang, blaßviolett, dunkler geadert. Alle Blätter grundständig, rundlich, gekerbt.
SV: Auf nassen, sauren, torfig-moorigen, nährstoffarmen Böden: Quellfluren, Flachmoore, Gräben, Ufer, Bruchwälder. Meist unterhalb 1800 m, örtlich aber bis 2500 m. Aufsteigend. Zerstreut.

Pyrenäen-Veilchen *Viola pyrenaica* Veilchengewächse *Violaceae*
Mai – Juli   3 – 8 cm   ♃

B: Blüten einzeln auf kahlem Stiel, 1 – 2 cm lang, lila, die hintere Hälfte samt Sporn weiß. Alle Blätter grundständig, kahl, glänzend, herzförmig, gekerbt.
SV: Auf schneefeuchten, nährstoffarmen, oft kalkreichen Steinböden: Fels, Steinrasen, Gehölze; im Schatten. Bis 2200 m. Zerstreut. Einige ähnliche Arten.

Wald-Veilchen *Viola reichenbachiana* Veilchengewächse *Violaceae*
März – Mai   5 – 15 cm   ♃

B: Blüten einzeln, höher als breit, 2 – 2,5 cm lang, mit violettem Sporn, meist abwärts gebogen. Alle Blätter grundständig, herz-eiförmig, zerstreut behaart.
SV: Auf nährstoffreichen, oft kalkhaltigen, mullreichen Lehmböden: Laub- und Mischwälder. Nur bis zur Waldgrenze (1600 – 2000 m). Zerstreut.

Kriechender Günsel *Ajuga reptans*
Lippenblütengewächse *Lamiaceae (Labiatae)*

Mai – Juni   10 – 30 cm   ♃

B: Endständige Ähre aus Quirlen mit je 6 – 12 Blüten. Diese 1 – 1,5 cm lang, ohne Oberlippe, mit 3lappiger Unterlippe. Hochblätter ungeteilt. Oft mit Ausläufern.
SV: Auf nährstoffreichen, etwas feuchten Lehmböden: Gebüsche, Wiesen, Wege. Bis 1500 m häufig, ab und zu bis 2000 m. Formenreich.

Heide-Günsel *Ajuga genevensis*
Lippenblütengewächse *Lamiaceae (Labiatae)*

April – Juni   5 – 30 cm   ♃

B: Endständige Ähre aus Quirlen mit je 6 – 12 Blüten. Diese um 1,5 cm lang, ohne Oberlippe, mit 3lappiger Unterlippe. Hochblätter tief in 3 Lappen geteilt.
SV: Auf meist kalkhaltigen, lockeren Lehm- oder Sandböden: trockene Matten und lichte Wälder. Bis 1800 m. Zerstreut.

Pyramiden-Günsel *Ajuga pyramidalis* Lippenblütengewächse *Lamiaceae (Labiatae)*

April – Juni   5 – 30 cm   ♃

B: Endständige Ähre aus Quirlen mit je 8 – 12 Blüten. Diese 1 – 2 cm lang, ohne Oberlippe, mit 3lappiger Unterlippe. Hochblätter ungeteilt, oft violett überlaufen.
SV: Auf nährstoff- und kalkarmen Sand- oder Torfböden: Hochstaudenfluren, Trockenrasen. 1300 – 2700 m. Zerstreut, im Norden seltener.

Quirlblütiger Salbei *Salvia verticillata* Lippenblütengewächse *Lamiaceae (Labiatae)*

Juni – Sept.   20 – 60 cm   ♃

B: 12 – 24 Blüten quirlig im oberen Stengeldrittel locker übereinander, 1 – 1,5 cm lang, dunkelviolett. Stengelblätter ei-herzförmig, mit abstehenden Zipfeln.
SV: Auf trockenen, oft steinigen Lehmböden: Trockenrasen, Wegränder, Gebüsche, zur Ruhe gekommener Schutt. Bis 1800 m. Selten.

Alpen-Helmkraut *Scutellaria alpina* Lippenblütengewächse *Lamiaceae (Labiatae)*

Juni – Sept.   10 – 35 cm   ♃

 K

B: Blüten am Stengelende in meist 4 deutlichen Reihen übereinander, um 2,5 cm lang, violett. Blätter im Blütenstandsbereich oft violett überlaufen. Stengel niederliegend-aufsteigend.
SV: Auf kalkreichen, steinigen, feuchten Böden: Felsschutt. Nur Westalpen. 1500 – 2500 m. Selten.

Berg-Drachenkopf *Dracocephalum ruyschiana* Lippenblütengewächse *Lamiaceae (Labiatae)*

Juli – Aug.   10 – 30 cm   ♃

B: 2 – 8 Blüten am Stengelende dicht übereinander, 2,5 – 3 cm lang blauviolett. Stengel kahl oder auf 2 Gegenflanken schütter behaart. Blätter lineal, ganzrandig.
SV: Auf steinigen oder sandigen lehmigen Böden, wärmeliebend: Matten; lichte Wälder, Waldwiesen. Bis etwa 2000 m. Sehr selten.

Kleine Braunelle *Prunella vulgaris*
Lippenblütengewächse
Lamiaceae (Labiatae)

Mai – Okt.   5 – 20 cm   ♃

B: Blüten dicht kopfig am Stengelende. 1 – 1,5 cm lang, violett. Oberlippe helmförmig. Kelch etwa 2/3 so lang wie Blüte. Oberstes Blattpaar berührt Blütenstand.
SV: Auf nährstoffreichen, nicht zu trockenen Lehmböden: Wiesen, Matten, Wege, lichtes Gehölz. Bis 2000 (2400) m. Häufig.

Große Braunelle *Prunella grandiflora* Lippenblütengewächse
Lamiaceae (Labiatae)

Juni – Aug.   5 – 25 cm   ♃

B: Blüten dicht kopfig am Stengelende, 2 – 2,5 cm lang, violett. Oberlippe helmförmig. Kelch etwa halb so lang wie Blüte. Erstes Paar Stengelblätter deutlich vom Blütenstand abgesetzt.
SV: Auf meist kalkhaltigen Lehmböden: Trockenrasen, Latschenbestände. Bis 2000 m. Zerstreut.

Drachenmaul *Horminium pyrenaicum* Lippenblütengewächse *Lamiaceae (Labiatae)*

Juni – Aug.   10 – 40 cm   ♃

 K

B: Blüten in ährenförmig zusammengesetzten, einseitswendigen Quirlen, 1 – 2 cm lang, violett. Stengel einfach, wenige Stengelblätter. Grundblattrosette.
SV: Auf kalkreichen, feuchten, humosen, steinigen Lehmböden: Steinrasen, Schutt, Gebüsche. Bis 2500 m. Sehr zerstreut.

Acker-Minze *Mentha arvensis*
Lippenblütengewächse
Lamiaceae (Labiatae)
Juni – Okt.   15 – 50 cm   ♃

B: Keine Blüten am Stengelende, nur quirlig in den Achseln der 6 – 10 obersten Blattpaare. Blätter rundlich oder länglich, gezähnt, gekreuzt-gegenständig.
SV: Auf feuchten bis nassen, stickstoffhaltigen Böden: Ufer, Gräben, Naßwiesen, feuchte Wälder. Bis 1800 m. Zerstreut.

Alpen-Leinkraut *Linaria alpina*
Braunwurzgewächse
Scrophulariaceae
Juni – Sept.   5 – 15 cm   ♃

B: 2 – 6 Blüten in endständiger, dichter Traube, 1 – 1,5 cm lang, gespornt. Stengel aufsteigend. Lockere Polster. Blätter quirlständig, lanzettlich, blaugrün.
SV: Auf schwach feuchten, lockeren Steinböden: Schutt, Geröll, Steinrasen. Bis 4200 m. Kalkalpen häufig, Zentralalpen seltener.

Alpenhelm *Bartsia alpina* Braunwurzgewächse *Scrophulariaceae*
Juni – Aug.   5 – 20 cm   ♃

B: Blüten in den Achseln der oberen Blätter, um 2 cm lang, dunkelviolett. Blätter eiförmig, gekerbt, obere oft dunkelviolett überlaufen.
SV: Auf nassen, moorig-humosen, nährstoffreichen Böden: Lawinenrunsen, Schneetälchen, Flachmoore. 1000 – 3000 m. Zerstreut, örtlich auch häufig.

Alpen-Augentrost *Euphrasia alpina* Braunwurzgewächse *Scrophulariaceae*

Mai – Sept.   3 – 20 cm   ☉

B: Blüten in stark durchblätterter, endständiger Ähre, um 1 cm lang, hellviolett mit gelbem Schlund. Blätter eiförmig mit groben Zähnen, gegenständig.
SV: Auf kalkfreien Lehmböden: Bergwiesen, offene Rasen. 1400 – 2500 m. Westalpen bis Adamello. Selten. Viele ähnliche Arten.

Gemeines Fettkraut *Pinguicula vulgaris* Wasserschlauchgewächse *Lentibulariaceae*

Mai – Juni   5 – 15 cm   ♃

B: Blüten einzeln, hellviolett, 1,5 – 2,5 cm lang, gespornt. Blätter grundständig, länglich-eiförmig, ganzrandig, klebrig, am Rande aufgebogen.
SV: Auf nassen, torfigen Böden: Moore, nasse Felsspalten. In den Westalpen ähnliche, seltenere Arten. Bis über 2200 m. Zerstreut.

Herzblättrige Kugelblume *Globularia cordifolia* Kugelblumengewächse *Globulariaceae*

Mai – Aug.   5 – 10 cm   ♃ – ♄

B: Viele Blüten in dichtem Köpfchen von 1 – 1,5 cm Durchmesser. Blüten um 7 mm lang. Blätter spatelig, vorn ausgerandet, bis 4 cm lang, grundständig.
SV: Auf kalkhaltigen, steinigen, lehmigen Böden: lückige Matten, Schutthalden, Felsspalten, Grate. 600 – 2500 m. Zerstreut.

Nacktstengelige Kugelblume
Globularia nudicaulis Kugelblumengewächse *Globulariaceae*
Juni – Aug.   5 – 25 cm   ♃

B: Viele Blüten in dichtem Köpfchen von 1,5 – 2,5 cm Durchmesser. Blüten um 1 cm lang. Blätter länglichkeilförmig, bis 15 cm lang, grundständig.
SV: Auf kalkhaltigen, steinigen, lehmigen Böden: lückige Matten, Schutthalden, Felsspalten, Grate. 1000 – 2500 m. Zerstreut.

Wald-Witwenblume *Knautia dipsacifolia* Kardengewächse *Dipsacaceae*
Juni – Sept.   30 – 100 cm   ♃

B: Viele endständige Blütenköpfchen von 2,5 – 4 cm Durchmesser, halbkugelig, unten mit Hüllblättern. Stengel dicht borstig. Blätter gegenständig, Rand gesägt.
SV: Auf feuchten, oft halbschattigen Lehmböden: Bergwälder, Weiden, Ufer. Bis 2200 m. Zerstreut. Viele Formen und ähnliche Arten.

Glänzende Scabiose *Scabiosa lucida* Kardengewächse *Dipsacaceae*
Juni – Sept.   15 – 40 cm   ♃

B: Blüten in 2,5 – 3 cm breiten Köpfchen, Randblüten vergrößert, zwischen den Blüten dunkle Borsten. Blätter gegenständig, untere gekerbt, obere fiederspaltig, höchstens auf den Nerven behaart.
SV: Auf steinigen, kalkhaltigen, lockeren, feuchten Lehmböden: lückige Matten, Schutthalden, Moränen. 1000 – 2200 m. Zerstreut.

Alpen-Frauenmantel *Alchemilla alpina* Rosengewächse *Rosaceae*

Juni – Aug.   5 – 30 cm   ♃

B: Blüten in rispig gestellten Knäueln, kaum 5 mm im Durchmesser, unscheinbar. Blätter handförmig 5 – 7teilig, unterseits dicht silbrigseidig behaart.
SV: Auf sauren, nährstoff- und kalkarmen Lehmböden: Wiesen, Gehölze, Fels, Schutt. Bis 3000 m. Zentralalpen zerstreut. Viele Kleinarten und nahe Verwandte.

Mandel-Wolfsmilch *Euphorbia amygdaloides* Wolfsmilchgewächse *Euphorbiaceae*

April – Mai   30 – 60 cm   ♃

B: Blüten traubig, unscheinbar. Am Hüllbecher halbmondförmige Drüsen. Stengel aufrecht, unterer Teil vorjährig, dicht beblättert, oberer wenigblättrig. Ganze Pflanze mit weißem Milchsaft.
SV: Auf kalkhaltigen, humosen, feuchten Lehmböden: Laubwälder. Meist kaum bis 1500 m. Selten.

Moschuskraut *Adoxa moschatellina* Moschuskrautgewächse *Adoxaceae*

März – April   5 – 15 cm   ♃

B: Blüten in lang gestieltem Köpfchen, um 5 mm im Durchmesser, oberste 4-, übrige 5zipflig. 1 Blattquirl am Stengel. Grundblätter doppelt 3teilig.
SV: Auf nährstoffreichen, schattigfeuchten Böden: Gebüsche, Au- und Schluchtwälder, Sennhütten, Mauern, Felsen. Bis über 2000 m. Zerstreut; Zentralalpen selten.

Spitz-Wegerich *Plantago lanceolata* Wegerichgewächse *Plantaginaceae*

Mai – Okt.   5 – 60 cm   ♃

B: Blüten unscheinbar, in kugelig-walzlicher Ähre. Staubfäden weißlich, später braun. Blütenblätter um 2 mm lang, braun. Blätter rosettig, 3 – 10mal so lang wie breit, 3 – 7nervig.
SV: Auf tiefgründigen Lehmböden: Wiesen, Weiden, Wegränder, Ödland. Bis etwa 2000 m. Sehr häufig.

Berg-Wegerich *Plantago atrata* Wegerichgewächse *Plantaginaceae*

Mai – Aug.   5 – 15 cm   ♃

B: Blüten unscheinbar, in kugeliger Ähre. Staubfäden weißlich. Blütenblätter um 2 mm lang, braun. Stengel stielrund, nicht gefurcht. Blätter rosettig, 5 – 15mal so lang wie breit.
SV: Auf schneefeuchten, nährstoff- und meist kalkreichen, steinigen Lehmböden: Wiesen, Weiden. 1000 – 2400 m. Häufig.

Breit-Wegerich *Plantago major* Wegerichgewächse *Plantaginaceae*

Juni – Okt.   15 – 30 cm   ♃

B: Blüten unscheinbar, in langer Ähre. Staubfäden weißlich, Pollensäcke rotviolett. Blätter grundständig, schief aufrecht, länger als der Blütenstandsstiel.
SV: Auf nährstoffreichen, etwas feuchten, verfestigten Lehmböden: Wege, Ufer, Weiden, Umgebung von Almhütten, Lägerflur. Bis 2500 m. Sehr häufig.

Niederliegendes Mastkraut
Sagina procumbens Nelkengewächse *Caryophyllaceae*
Mai – Sept. 2 – 5 cm ♃

B: Blüten auf 2 – 3 cm langen Stielen aus den oberen Blattachseln, 4zählig, 4 – 7 mm im Durchmesser. Stengel niederliegend-aufsteigend. Blätter gegenständig, fast fädlich, schmal lineal, spitz.
SV: Auf feuchten, nährstoffreichen Böden. Pionierpflanze: lückige Rasen. Bis 2600 m. Zerstreut.

Heidelbeere *Vaccinium myrtillus*
Heidekrautgewächse *Ericaceae*
Mai – Juni 15 – 40 cm ♄

B: Blüten einzeln in den Blattachseln, kugelig-glockig, oft rot überlaufen. Blätter sommergrün, länglich-eiförmig, spitz, schwach gekerbt, beidseits grün.
SV: Auf sauren, steinig-sandigen, nährstoffarmen Böden: Nadelwälder, Zwergstrauchheiden, Moore. Braucht lange Schneebedeckung. Bis 2500 m. Häufig.

Einbeere *Paris quadrifolia* Liliengewächse *Liliaceae*
Mai – Juni 10 – 30 cm ♃

B: Endständige Einzelblüte mit 6 – 12 schmalen, grünlichen Blütenblättern, 3 – 6 cm im Durchmesser. Am aufrechten Stengel noch 1 Quirl eilanzettlicher Blätter.
SV: Auf nährstoffreichen, humosen, grundwassernahen Lehmböden: Laub- und Nadelwälder, Bachauen, Grün-Erlen-Gebüsch. Vereinzelt bis 1800 m. Bis 1500 m zerstreut, in den Tallagen oft häufig.

Nestwurz *Neottia nidus-avis*
Orchideengewächse *Orchidaceae*
Mai – Juni 10 – 60 cm ♃

B: Vielblütige, langwalzliche Ähre. Blüten ohne Sporn, 1,5 – 2 cm lang. Unterlippe 2lappig; obere Blütenblätter halbkugelig zusammengeneigt. Blätter schuppig. Ganze Pflanze gelbbraun.
SV: Auf meist kalkhaltigen, lockeren, humusreichen Böden: Wälder. Nutzt durch Pilze Nährstoffe im Mull aus. Bis 1600 m. Selten.

Breitblättrige Sitter *Epipactis helleborine* Orchideengewächse *Orchidaceae*
Juni – Aug. 20 – 70 cm ♃

B: Blüten in oft einseitswendigen, endständigen Trauben 1 – 2 cm im Durchmesser, grün-rötlich-braun; ohne Sporn; Unterlippe mit Quereinschnürung. Blätter breit eiförmig, stengelumfassend.
SV: Auf lockeren, mullreichen Lehmböden über Kalk: Wälder. Bis zur Waldgrenze, zerstreut.

Honigorchis *Herminium monorchis*
Orchideengewächse *Orchidaceae*
Juni – Aug. 10 – 30 cm ♃

B: Lockere, walzliche Ähre. Blüten 5 – 8 mm lang, nach Honig duftend. Lippe 3spaltig, ohne Sporn. Meist nur 2 Grundblätter. 2 – 7 cm lang, 5 – 15 mm breit, rinnig, blaßgrün, glänzend, spitz.
SV: Auf meist kalkhaltigen, etwas feuchten, humosen Lehmböden: ungedüngte Trockenrasen, Matten, Flachmoore. Bis 1800 m. Selten.

Großes Zweiblatt *Listera ovata*
Orchideengewächse *Orchidaceae*
Mai – Juni   20 – 70 cm   ♃

  K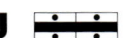

B: Langgestreckte, lockere Traube; Blüten grün, um 1 cm lang, Lippe tief zweispaltig, ohne Sporn. 2 gegenständige, derbe, 5 – 15 cm lange, breit eiförmige, ganzrandige Stengelblätter.
SV: Auf feuchten, gern kalkhaltigen Lehmböden: Wälder, Wiesen, Sumpfstellen. Bis 1500 m häufig, ab 2000 m nur noch vereinzelt.

Kleines Zweiblatt *Listera cordata*
Orchideengewächse *Orchidaceae*
Mai – Aug.   5 – 20 cm   ♃

  U

B: 4 – 12 Blüten locker am Stengelende, grün, oft rotbraun überlaufen, 8 – 10 mm lang. Lippe tief zweispaltig, ohne Sporn. Meist nur 2 herz-eiförmige Grundblätter, 1 – 2,5 cm lang und breit, fast gegenständig, glänzend.
SV: Auf sauren, rohhumusreichen Böden: moosige Nadelwälder, Legföhrengebüsch. Bis 2000 m. Selten.

Hohlzunge *Coeloglossum viride*
Orchideengewächse *Orchidaceae*
Mai – Juli   5 – 30 cm   ♃

B: Blüten in lockerer Ähre, grün oder angebräunt, um 1 cm lang. Lippe dicklich, 3zähnig (Mittelzahn kurz), Sporn kurz. 3 – 6 wechselständige, eiförmige Laubblätter, 2 – 9 cm lang, 1 – 3 cm breit.
SV: Auf kalkarmen, sauren, etwas feuchten Lehmböden: Schneetälchen, Magerrasen, Gebüsch. Bis 2600 m. Selten (geworden!).

Alpen-Leinblatt *Thesium alpinum*
Sandelgewächse *Santalaceae*
Mai – Sept. 10 – 40 cm ♃

B: Blüten in einseitswendiger Traube, 7 – 10 mm im Durchmesser, mit meist 4 flach ausgebreiteten Zipfeln. Unter jeder Blüte 3 Hochblätter. Stengel kantig, Blätter wechselständig, lineal.
SV: Auf nährstoffarmen, oft kalkhaltigen Böden: Matten, lichte Wälder und Gebüsche. Zwischen 1000 und 2800 m. Zerstreut.

Weißer Alpen-Mohn *Papaver sendtneri (P. alpinum ssp. sendtneri)*
Mohngewächse *Papaveraceae*
Juli – Aug. 5 – 20 cm ♃

  K

B: Stengel einblütig. Blüten 4 – 5 cm im Durchmesser, weiß. Stengel blattlos, angedrückt borstenhaarig. Grundblätter einfach-doppelt gefiedert. Weißer Milchsaft.
SV: Auf Gesteinsschutt, der noch nicht zur Ruhe gekommen ist. Bis 2600 m. Nur Nordalpen. Sehr zerstreut. Weitere ähnliche Arten.

Voralpen-Hellerkraut *Thlaspi alpestre* Kreuzblütengewächse *Brassicaceae (Cruciferae)*
April – Juni 15 – 40 cm ☉–♃

 K

B: Blüte in kopfig verdichteter Traube, 3 – 5 mm im Durchmesser. Frucht 1,5 mal so lang wie breit, mit 2 mm breitem Flügel, der oben 1 mm eingeschnitten ist. Stengelblätter mit pfeilförmigem Grund.
SV: Auf feuchten, kalk- und nährstoffreichen Böden: Wiesen, Raine, Matten. 1000 – 2000 m. Selten.

Gemskresse *Pritzelago alpina*
Kreuzblütengewächse
Brassicaceae (Cruciferae)

Mai – Aug.   3 – 15 cm   ♃

B: Blüten in gedrängter Traube, etwa 1 cm im Durchmesser. Meist alle Blätter grundständig, derb, gefiedert. Fruchtstand verlängert, Schötchen lanzettlich, flach.
SV: Auf feuchten, kalkreichen und nährstoffarmen Steinböden: Schutt, Geröll, Steinrasen. Bis 3400 m. Zerstreut.

Felsen-Steinkresse *Hornungia petraea* Kreuzblütengewächse
Brassicaceae (Cruciferae)

April – Juni   2 – 10 cm   ⊙

B: Blütenstand doldig-armblütig, Fruchtstand locker traubig. Blüten um 1,5 mm im Durchmesser, Früchtchen eiförmig. Blätter wechselständig, fiederteilig, Grundblätter in einer Rosette.
SV: Auf kalkhaltigen, trockenen Böden: Trockenrasen, Felsspalten. Bis 1500 m. Selten.

Kugelschötchen *Kernera saxatilis*
Kreuzblütengewächse
Brassicaceae (Cruciferae)

Juni – Aug.   10 – 30 cm   ♃

B: Lockere Trauben. Blüten 6 – 8 mm im Durchmesser. Früchtchen fast kugelrund, um 3 mm. Stengelblätter klein, Grundblätter rosettig, eiförmig-spatelig, 2 – 5 cm.
SV: Auf kalkreichen, sonnigen Steinböden: Felsspalten, Schutt. Bis 2700 m. Kalkalpen häufig, Zentralalpen sehr zerstreut.

Graues Felsenblümchen *Draba incana* Kreuzblütengewächse *Brassicaceae (Cruciferae)*

Mai – Juli 10 – 30 cm ⊙ –♃

 K

B: Blütenstand doldig-armblütig, Fruchtstand locker traubig. Blüten 5 – 7 mm im Durchmesser. Früchtchen langoval, kahl, oft schraubig gedreht. Mittlere Stengelblätter erreichen nächstes Blatt.
SV: Auf steinigen, kalk- und stickstoffreichen Böden: Lägerflur, Spalten. Bis 2800 m. Selten.

Kärntner Felsenblümchen *Draba siliquosa* Kreuzblütengewächse *Brassicaceae (Cruciferae)*

Juni – Aug. 3 – 10 cm ♃

B: Blütenstand doldig-reichblütig, Fruchtstand traubig. Blüten 4 – 6 mm im Durchmesser. Früchtchen langoval, kahl. Stengel nur wenig beblättert, oben kahl.
SV: Auf leicht feuchten, kalkreichen Steinböden: Felsen, Grate, Schutt. Bis 2400 m. Zerstreut. Viele ähnliche Arten (Bastarde).

Filziges Felsenblümchen *Draba tomentosa* Kreuzblütengewächse *Brassicaceae (Cruciferae)*

Juni – Aug. 3 – 8 cm ♃

B: Blüten doldig-traubig am Stengelende, 7 – 10 mm im Durchmesser. Stengel armblättrig, dicht behaart. Grundblätter rosettig, filzig behaart, eiförmig.
SV: Auf kalkhaltigen, lockeren, feinerdearmen Böden: Felsspalten, Grate, Gesteinsschutt. Windexponiert. 2000 – 3500 m. Zerstreut.

Alpen-Schaumkraut *Cardamine alpina* Kreuzblütengewächse *Brassicaceae (Cruciferae)*

Juli – Aug.   2 – 10 cm   ♃

B: Wenige Blüten in doldiger Traube, um 1 cm im Durchmesser. Früchte 1 – 1,5 cm lang, schmal. Blätter eirautenförmig, ganzrandig bis lappig gezähnt.
SV: Auf kalkarmen, feuchten, humusreichen Böden: Schneetälchen, Weiden, Quellfluren. Bis 3300 m. Häufig. Kalkalpen zerstreut.

Haselwurzblatt-Schaumkraut
Cardamine asarifolia Kreuzblütengewächse *Brassicaceae*

Mai – Aug.   25 – 40 cm   ♃

B: Blüten doldig-rispig, 1 – 1,2 cm im Durchmesser. Früchte 2 – 3 cm lang, schmal. Blätter langgestielt, rundlich-nierenförmig, geschweift-gezähnt, bewimpert.
SV: Auf kalkarmen, sauren, überrieselten Böden: Quellfluren, Bachufer, sumpfige Matten. Bis etwa 2000 m. Selten.

Resedenblatt-Schaumkraut
Cardamine resedifolia Kreuzblütengewächse *Brassicaceae*

Mai – Aug.   5 – 15 cm   ♃

B: Blüten doldig-traubig, 1 – 1,2 cm im Durchmesser. Früchte 1 – 2,5 cm lang, schmal. Grundblätter gestielt, ungeteilt bis 3lappig; Stengelblätter fiederteilig.
SV: Auf feuchten, kalkfreien Steinböden: Felsen, Schutt, Geröll, Schneetälchen, 1000 – 3200 m. Zerstreut. Nordalpen selten.

Bitteres Schaumkraut *Cardamine amara* Kreuzblütengewächse *Brassicaceae (Cruciferae)*

April – Mai   5 – 40 cm   ♃

B: Blüten doldig-traubig, 1 – 1,2 cm im Durchmesser; Staubbeutel purpurviolett. Früchte 2 – 4 cm lang, schmal. Blätter einfach bis doppelt gefiedert, oft kahl.
SV: Auf nassen, kalkarmen, humosen Böden: Bergwälder, Quellfluren, sickerfeuchte Geröllhalden, Ufer. Bis 1800 m. Selten.

Schotenkresse *Braya alpina* Kreuzblütengewächse *Brassicaceae (Cruciferae)*

Juni – Aug.   5 – 20 cm   ♃

B: Wenige Blüten in doldenartiger Traube, 5 – 10 mm im Durchmesser. Früchte schmal, bis 1 cm lang. Stengel aufrecht, oft rötlich. Rosettenblätter länglich.
SV: Auf sommerwarmen, gern kalkhaltigen Steinböden: Schutthänge, Moränen, Steinrasen. 1000 – 3000 m. (Zentrale) Ostalpen. Zerstreut.

Alpen-Gänsekresse *Arabis alpina* Kreuzblütengewächse *Brassicaceae (Cruciferae)*

März – Okt.   5 – 20 cm   ♃

 K

B: Blüten (oft wenige) traubig-doldig am Stengelende, 1 – 1,5 cm im Durchmesser (aufgedrückt). Stengelblätter mit herzförmigem Grund sitzend. Grundblattrosette. Alle Blätter rauhhaarig, gezähnt.
SV: Auf kalkhaltigen, feuchten, steinigen Böden: Schneetälchen, Schutt. 500 – 3500 m. Zerstreut.

Glanz-Gänsekresse *Arabis soyeri*
Kreuzblütengewächse
Brassicaceae (Cruciferae)
Juni – Aug. 5 – 25 cm ♃

B: Blüten traubig-doldig am Stengelende, 1 – 1,2 cm im Durchmesser (aufgedrückt). Stengelblätter mit verjüngtem Grund sitzend. Grundblattrosette. Grundblätter (fast) kahl, glänzend.
SV: Auf kalkhaltigen, feuchten, steinigen Böden: Quellfluren, Bäche, Schutt. Bis 2800 m. Zerstreut.

Zwerg-Gänsekresse *Arabis bellidifolia* Kreuzblütengewächse
Brassicaceae (Cruciferae)
Juni – Aug. 5 – 20 cm ♃

B: Blüten traubig-doldig am Stengelende, 0,8 – 1,2 cm im Durchmesser (aufgedrückt). Stengelblätter mit abgerundetem Grund sitzend. Grundblattrosette, Grundblätter rauhhaarig.
SV: Auf kalkhaltigen, feuchten, steinigen Böden: Spalten, Schutt, Geröll. 800 – 3000 m. Zerstreut.

Alpen-Seidelbast *Daphne alpina*
Seidelbastgewächse
Thymelaeaceae
Mai – Juni 10 – 50 cm ♄

B: Blüten büschelig zu 2 – 10 in den Achseln der oberen Laubblätter. Blüten duften mäßig stark. Stengel reich und kurz verzweigt. Rinde stark runzelig. Frucht eine Beere.
SV: Auf kalkreichen, steinigen, warmen, trockenen Böden: feinerdereiche Felsspalten, Schutthalden. Bis 1800 m. Sehr selten.

Alpen-Hexenkraut *Circaea alpina*
Nachtkerzengewächse
Onagraceae

Juni – Aug.   8 – 25 cm   ♃

B: Blüten in lockeren Trauben am blattlosen Stengelende, 2teilig, 3 – 4 mm im Durchmesser. Stengel glasig-zart. Blätter abstehend, gestielt, herz-eiförmig, dünn, glänzend, entfernt gezähnelt.
SV: Auf feuchtschattigen, kühlen, humussauren Böden: Schlucht- und Auwälder, Knieholz. Bis 1900 m. Zerstreut; über Kalk selten.

Alpen-Labkraut *Galium anisophyllum* Rötegewächse *Rubiaceae*

Juli – Sept.   5 – 20 cm   ♃

B: Wenige Blüten doldig in den Achseln der quirligen Blätter im oberen Stengelviertel, 3 – 5 mm im Durchmesser, elfenbeinweiß. Stengel vierkantig. Blätter lineal, quirlständig, langspitzig.
SV: Auf kalk- und nährstoffreichen, steinigen Böden: steinige Matten, Spalten, Schutthalden, Geröll. 1500 – 2500 m. Zerstreut.

Alpen-Wegerich *Plantago alpina*
Wegerichgewächse
Plantaginaceae

Juni – Sept.   5 – 20 cm   ♃

B: Blüten weißlich, in kurzwalzlicher Ähre; 4 Kronzipfel, 1 – 2 mm lang; Staubblätter gelb. Alle Laubblätter grundständig, lineal, dicklich-derb. dicklich-derb.
SV: Auf sauren, kalkarmen, eher feuchten, steinigen Lehmböden: Schneetälchen, steinige Matten, quellige Hänge. 1000 – 3000 m. Häufig, gegen Osten zu seltener.

Wiesen-Leinblatt *Thesium pyrenaicum* Sandelgewächse *Santalaceae*

Mai – Juli   10 – 40 cm   ♃

B: Viele Blüten traubig-rispig am Stengelende, 5 – 10 mm im Durchmesser, meist 5zipflig (vgl. S. 142). Blätter gelblich, lineal-lanzettlich, wechselständig.
SV: Auf sauren, nährstoffarmen, eher trockenen Lehmböden: Bergwiesen, dürre Weiden, Gebüsch. Bis 2500 m. Zerstreut.

Knöllchen-Knöterich *Bistorta viviparum* Knöterichgewächse *Polygonaceae*

Juni – Sept.   5 – 30 cm   ♃

B: Blütenstand unten mit rotbraunen Brutknospen, oben mit Blüten, diese um 3 mm lang, oft rötlich oder gelblich überlaufen. Blätter schmaleiförmig, umgerollt.
SV: Auf feuchten, kalkarmen, humosen Lehmböden: steinige Matten, Moore, Gebüsche, lichte Wälder. 700 – 2500 m. Häufig.

Montpellier-Nelke *Dianthus monspessulanus* Nelkengewächse *Caryophyllaceae*

Juni – Sept.   20 – 50 cm   ♃

  K

B: Blüten einzeln oder 2 – 3 büschelig am Stengelende, 2,5 – 3,5 cm im Durchmesser, weiß oder hellrosa, ihre Zipfel bis zur Mitte zerfranst. Blätter lineal.
SV: Auf trockenwarmen, steinigen Lehm- oder reinen Steinböden. Kalkstet: Fels, Schutt, Rasen, Gehölze. Bis 2200 m. Selten.

Vierzähniger Strahlensame
Silene pusilla Nelkengewächse
Caryophyllaceae

Juli – Sept. 5 – 20 cm ♃

 K

B: Blüten locker-rispig, 1 – 1,5 cm im Durchmesser. Blütenblätter vorn meist 4zähnig. Blätter lineal, bis 3 cm lang, gegenständig. Pflanze lockerrasig.
SV: Auf feuchten, durchsickerten, steinigen, kalkhaltigen Böden: Felsspalten, Schutt, Geröll. 500 – 2550 m. Zerstreut.

Alpen-Strahlensame *Silene alpestris* Nelkengewächse *Caryophyllaceae*

Juni – Sept. 10 – 30 cm ♃

 K

B: Blüten locker-rispig, 1,5 – 2 cm im Durchmesser. Blütenblätter vorn 4 – 6zähnig. Blätter lanzettlich, bis 4 cm lang, gegenständig. Pflanze lockerrasig.
SV: Auf feuchten, steinigen, kalkhaltigen Böden: Felsschutt, Geröll. 1200 – 2200 m. Selten; östliche Kalkalpen zerstreut.

Felsen-Leimkraut *Silene rupestris* Nelkengewächse *Caryophyllaceae*

Juli – Aug. 10 – 20 cm ♃

 U

B: Wenige Blüten locker-rispig, 1,2 – 1,6 cm im Durchmesser. Blütenblätter ausgerandet. Stengel zart. Blätter lanzettlich-eiförmig, kahl, blaugrün, 1 – 2 cm lang.
SV: Auf kalk- und nährstoffarmen, sandig-steinigen Böden: steinige Matten, Felsspalten, Schutthalden. 1500 – 2500 m. Zerstreut.

Kalkalpen-Hornkraut *Cerastium latifolium* Nelkengewächse Caryophyllaceae

Juli – Aug.   3 – 10 cm   ♃

 K

B: 1 – 3 langgestielte Blüten, 2,5 – 3,5 cm im Durchmesser. Blütenblätter seicht eingeschnitten. Blätter eiförmig-lanzettlich, 1 – 3,5 cm lang, spitz, kurzhaarig. Pflanze lockerrasig.
SV: Auf feuchten, feinerdearmen Kalksteinböden: Schutt, Fels, Geröll, 1700 – 3400 m. Zerstreut.

Urgebirgs-Hornkraut *Cerastium uniflorum* Nelkengewächse Caryophyllaceae

Juli – Sept.   3 – 15 cm   ♃

  U

B: 1 – 3 kurzgestielte Blüten, 1,5 – 2,5 cm im Durchmesser. Blütenblätter tief eingeschnitten. Blätter eiförmig-spatelig, bis 1,5 cm lang, stumpf, zottig behaart. Pflanze dichtrasig.
SV: Auf steinigen, feinerdereichen, kalkarmen Böden: Schutthalden, Geröll. 2000 – 3300 m. Zerstreut.

Alpen-Hornkraut *Cerastium alpinum* Nelkengewächse Caryophyllaceae

Juli – Sept.   5 – 20 cm   ♃

  U

B: 3 – 5 kurzgestielte Blüten, doldenartig, 1,5 – 2 cm im Durchmesser. Blütenblätter herzförmig ausgerandet. Blätter ei-lanzettlich, um 1 cm lang, spitz.
SV: Auf nährstoff- und kalkarmen, mäßig feuchten Böden: Steinrasen, Felsspalten, Schutt. Bis 3000 m. Zerstreut. Leicht verwechselbar.

Wimper-Sandkraut *Arenaria ciliata*
Nelkengewächse *Caryophyllaceae*
Juni – Sept.   3 – 10 cm

B: 1 – 2 Blüten an den Zweigenden, um 1 cm im Durchmesser. Blütenblätter ganzrandig. Blätter ei-lanzettlich, am Rand bewimpert. Pflanze bildet lockere Rasen.
SV: Auf kalkhaltigen, feuchten, steinigen Lehmböden: steinige Matten, Moränen, bewegter Schutt, Felsspalten (hier oft polsterartig). 1800 – 3000 m. Häufig.

Alpen-Nabelmiere *Moehringia ciliata* Nelkengewächse *Caryophyllaceae*
Juni – Aug.   3 – 25 cm

B: Am kriechenden Stengel aufrechte Ästchen mit 1 – 3 gestielten Blüten; Durchmesser um 1 cm. Blätter gegenständig, lineal-lanzettlich, spitz, dicklich.
SV: Auf feuchten, kalkreichen Steinböden: Fels, Schutt, Geröll, Rasen. Bis 3000 m. Kalkalpen häufig. Formenreich; ähnliche Arten.

Frühlings-Meirich
Minuartia verna Nelkengewächse *Caryophyllaceae*
Mai – Aug.   5 – 15 cm

B: 1 – 3 Blüten am Stengelende, 6 – 8 mm im Durchmesser. Blütenblätter ganzrandig. Blütenstiele behaart. Blätter nadelartig, bis 1,5 cm lang. Pflanze wächst in lockeren, flächigen Polstern.
SV: Auf kalkhaltigen, steinigen, lockeren, feuchten Böden: steinige, lückige Matten, Schutthalden, Geröll. Bis 3200 m. Häufig.

Kriechendes Gipskraut
Gypsophila repens Nelken-
gewächse *Caryophyllaceae*
Mai – Aug. 10 – 25 cm ♃

 K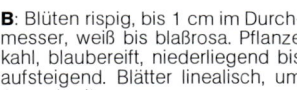

B: Blüten rispig, bis 1 cm im Durchmesser, weiß bis blaßrosa. Pflanze
kahl, blaubereift, niederliegend bis
aufsteigend. Blätter linealisch, um
2 mm breit.
SV: Auf sickerfeuchten, kalkreichen
Steinböden: Fels, Schutt, Geröll. Bis
3000 m. Kalkgebiete häufig. Auch
als Zierpflanze.

Christrose *Helleborus niger*
Hahnenfußgewächse
Ranunculaceae
Dez. – Mai 15 – 30 cm ♃

   K

B: Blüten einzeln, 5 – 8 cm im Durchmesser, oft rötlich überlaufen, verblühend bräunlich. Grundblätter
immergrün, ledrig, 4 – 9teilig.
SV: Auf kalkhaltigen, beschatteten
Böden: Wälder, Gebüsche, Süd-
und Westalpen. Bis 1800 m. Selten.
Häufig kultiviert und örtlich unbe-
ständig verwildert.

Narzissenblütiges Windröschen
Anemone narcissiflora Hahnenfuß-
gewächse *Ranunculaceae*
Mai – Juli 20 – 50 cm ♃

   K

B: 3 – 8 Blüten in endständiger Dolde, 2 – 3 cm im Durchmesser. Unter
der Dolde ein Hochblattquirl. Stengel sonst blattlos. Grundblätter
handförmig 3 – 5teilig, vielzipflig, gestielt.
SV: Auf leicht feuchten, kalkhaltigen
Lehmböden: Wiesen, Gebüsche.
Bis 2500 m. Zerstreut.

Gletscher-Hahnenfuß
Ranunculus glacialis Hahnenfußgewächse *Ranunculaceae*

Juli – Aug.   5 – 20 cm   ♃

B: Meist 1, seltener bis 5 Blüten langstielig am Stengelende, 1 – 3 cm im Durchmesser, im Alter rötlich-bräunlich. Blätter fleischig, dreiteilig, Abschnitte wiederum geteilt, dunkelgrün.
SV: Auf kalkfreien, feuchten, steinigen Böden: Geröll, Schutt, Spalten. 2000 – 4000 m. Zerstreut.

Pyrenäen-Hahnenfuß *Ranunculus pyrenaeus* Hahnenfußgewächse *Ranunculaceae*

Mai – Aug.   5 – 25 cm   ♃

B: Meist 1, selten bis 10 Blüten am Stengelende, 1,5 – 2,5 cm im Durchmesser. Blätter schmal-lanzettlich, kahl, parallelnervig. Wenige, kleine Stengelblätter.
SV: Auf feuchten, humosen, eher kalkarmen Lehmböden: Weiden, Rasen, sonnige Heiden. 1600 – 2900 m. Zerstreut, im Norden selten.

Herzblättriger Hahnenfuß *Ranunculus parnassifolius* Hahnenfußgewächse *Ranunculaceae*

Juni – Aug.   5 – 20 cm   ♃

B: 1, gelegentlich bis 5 Blüten am Stengelende, 2 – 2,5 cm im Durchmesser, im Alter rötlich überlaufen. Stengel oben weißzottig. Blätter ganzrandig, breitlanzettlich bis herzförmig.
SV: Auf kalkreichen, feuchten, steinigen Böden: Spalten, Schutt, Geröll. 1800 – 3000 m. Selten.

Alpen-Hahnenfuß *Ranunculus alpestris* Hahnenfußgewächse *Ranunculaceae*

Juni – Sept.   5 – 15 cm   ♃

  K

B: Meist 1, höchstens 2 Blüten am Stengelende, um 2 cm im Durchmesser, reinweiß. Grundblätter rundlich, 3 – 5lappig, oft bis über die Mitte eingeschnitten, Lappen grob und stumpf gezähnt.
SV: Auf feuchten, kalkreichen Steinböden: Schneetälchen, Rasen, Schutt. Bis 3000 m. Zerstreut.

Eisenhutblättriger Hahnenfuß *Ranunculus aconitifolius* Hahnenfußgewächse *Ranunculaceae*

Mai – Juli   20 – 120 cm   ♃

B: Zahlreiche, langstielige Blüten, 1 – 2 cm im Durchmesser. Stengel aufrecht, verzweigt. Grundblätter langgestielt. Stengelblätter gegenständig, sitzend, alle handförmig 3 – 7teilig.
SV: Auf feuchten, stickstoffreichen Böden: Läger- und Hochstaudenflur. Bis 2000 m. Zerstreut.

Rundblättriger Sonnentau *Drosera rotundifolia* Sonnentaugewächse *Droseraceae*

Juli – Aug.   5 – 20 cm   ♃

B: Blüten in schmalen Ähren, um 1 cm im Durchmesser. Blätter alle grundständig, klein; Spreite rundlich, mit roten, tröpfchentragenden „Tentakeln" besetzt.
SV: Auf nassen, sauren Torf- oder Sandböden: Hochmoore, selten Flachmoore. Bis 1900 m. Selten, am Standort oft zahlreich.

Buckel-Mauerpfeffer *Sedum dasyphyllum* Dickblattgewächse *Crassulaceae*

Juni – Aug. 5 – 15 cm ♃

B: Wenige, doldige, kurzstielige Blüten, 0,5 – 1 cm im Durchmesser, zuweilen bis 9 Blütenblätter. Laubblätter walzlich bis fast kugelig. Auch kurze, nichtblühende, dicht beblätterte Triebe. Pflanze blau bereift.
SV: Auf steiniggrusigen, trockenen Böden: Felsspalten, Schutthalden. Bis 2500 m. Zerstreut.

Schwarzer Mauerpfeffer *Sedum atratum* Dickblattgewächse *Crassulaceae*

Juni – Aug. 3 – 10 cm ☉–☉

  K

B: 3 – 6 Blüten dichtgedrängt am Stengelende, 5 – 10 mm im Durchmesser, weißlich, grünlich oder rötlich. Stengel aufrecht. Blätter walzlich-fleischig, stumpf.
SV: Auf sonnigen Stein- und Kiesböden; kalkhold: Felsen, Schutt, Steinrasen, Geröll. 1000 – 3000 m. Kalkalpen häufig, sonst selten.

Weißer Mauerpfeffer *Sedum album* Dickblattgewächse *Crassulaceae*

Juni – Sept. 5 – 25 cm ♃

B: Blüten doldig, 5 – 8 mm im Durchmesser. Blühende und nichtblühende Triebe. Stengel aufsteigend. Blätter rundlich, walzlich, fleischig. Blätter grün, oft rötlich überlaufen.
SV: Auf steinigen, nährstoff- und feinerdearmen Böden: Fels- und Mauerspalten, Schutthalden, Geröll. Bis 2500 m. Häufig.

Trauben-Steinbrech *Saxifraga paniculata* Steinbrechgewächse *Saxifragaceae*

Mai – Aug. 5 – 45 cm ♃

  K

B: Blüten doldig-traubig, 8 – 12 mm im Durchmesser. Rosettenblätter fleischig, 2 – 7 mm breit, 1 – 5 cm lang, gezähnelt, kalküberkrustet, am Grund borstig.
SV: Auf trockenen, kalkreichen Steinböden: Felsen, Schutt, Mauern. 200 – 3400 m. Zerstreut. Formenreich; mehrere ähnliche Arten.

Krusten-Steinbrech *Saxifraga crustata* Steinbrechgewächse *Saxifragaceae*

Juni – Aug. 10 – 30 cm ♃

  K

B: Blüten doldig-traubig, 8 – 12 mm im Durchmesser. Rosettenblätter fleischig, höchstens 3 mm breit, bis über 2 cm lang, bewimpert, kalküberkrustet.
SV: Auf kalkreichen, steinigen, feinerdearmen Böden: Schutthalden. Südliche Kalkalpen östlich der Etsch. Bis über 2500 m. Selten.

Fettblatt-Steinbrech *Saxifraga cotyledon* Steinbrechgewächse *Saxifragaceae*

Juni – Aug. 20 – 70 cm ♃

  U

B: Blüten rispig-pyramidal, um 1,5 cm im Durchmesser. Rosettenblätter fleischig, 10 – 15 mm breit, 2 – 6 cm lang, gesägt, kalküberkrustet, am Grund borstig.
SV: Auf feuchten, kalkfreien Steinböden: Felsritzen. 200 – 2600 m. Westalpen bis zum Montafon. Zerstreut; lückige Verbreitung.

Bursers Steinbrech *Saxifraga burserana* Steinbrechgewächse *Saxifragaceae*

April – Juli 3 – 12 cm ♃

B: Blüten einzeln, 1 – 1,5 cm im Durchmesser. Stengel und Stengelblätter drüsig-klebrig. Rosettenblätter starr, dreikantig, graugrün, kaum 1 cm lang, an der Spitze mit Kalkpunkten. Viele Rosetten polsterartig zusammen.
SV: Auf kalkreichen Steinböden: Fels, Schutt. Bis 2500 m. Selten.

Blaugrüner Steinbrech *Saxifraga caesia* Steinbrechgewächse *Saxifragaceae*

Juli – Sept. 5 – 10 cm ♃

B: 1 – 6 Blüten traubig-endständig, um 1 cm im Durchmesser. Stengel schwach klebrig. Rosettenblätter steif zurückgebogen, um 5 mm lang, stumpflich, blaugrün, oft ganz kalkverkrustet. Rosetten bilden dichte Polster.
SV: Auf Kalksteinböden: Schutt, Fels, Rasen. Bis 3000 m. Häufig.

Rundblättriger Steinbrech *Saxifraga rotundifolia* Steinbrechgewächse *Saxifragaceae*

Juni – Sept. 10 – 60 cm ♃

B: Wenige Blüten locker am Stengelende, 1 – 1,5 cm im Durchmesser, langgestielt. Stiele drüsenhaarig. Rosettenblätter 2 – 5 cm breit, nierenförmig, gekerbt, behaart.
SV: Auf feuchten, kalk- und nährstoffreichen Böden: Ufergebüsch, Hochstaudenflur, Bergwälder. Bis 2500 m. Häufig.

Stern-Steinbrech *Saxifraga stellaris* Steinbrechgewächse *Saxifragaceae*

Juni – Aug.　　5 – 30 cm　　♃

B: 3 – 15 Blüten in locker-doldiger Rispe, 0,5 – 1,5 cm im Durchmesser, weiß mit (10) gelben Punkten. Nur Grundblätter; keilig, vorn gezähnt, fleischig, glatt.
SV: Auf feuchten, meist kalk- und nährstoffreichen Steinböden: Bachufer, Quellfluren, Rasen. 1000 – 3000 m. Zerstreut.

Rauher Steinbrech *Saxifraga aspera* Steinbrechgewächse *Saxifragaceae*

Juni – Aug.　　5 – 25 cm　　♃

B: Wenige Blüten locker am Stengelende, 6 – 10 mm im Durchmesser, langgestielt. Stengel und Stiele drüsenhaarig. Nichtblühende Triebe mit Tochterrosetten in den Blattachseln. Blätter kalkfrei.
SV: Auf kalkfreien, steinigen Böden: Felsspalten, Schutthalden. 1800 – 2500 m. Selten.

Nickender Steinbrech *Saxifraga cernua* Steinbrechgewächse *Saxifragaceae*

Juli – Aug.　　10 – 30 cm　　♃

B: 1 Blüte endständig am schlaffen Stengel, 1,5 – 2 cm im Durchmesser. In den Blattachseln rötliche Brutzwiebeln. Blätter dünn, 3 – 7lappig, oberste ungelappt.
SV: Auf feuchten, nährstoffreichen Steinböden in Schattenlage: Felsen, Überhänge, Viehläger. Nur wenige Fundorte. 1800 – 2500 m.

Moos-Steinbrech *Saxifraga muscoides* Steinbrechgewächse *Saxifragaceae*

Juni – Aug.   1 – 5 cm   ♃

B: 1 – 2 Blüten am Stengelende, 5 – 8 mm im Durchmesser. Stengel und Kelch drüsenhaarig. Viele Rosetten bilden zusammenhängendes Polster. Abgestorbene, ausgetrocknete Rosettenblätter silbergrau.
SV: Auf kalk- und feinerdearmen, trockenen Böden: Felsspalten, Steinschutt. 2000 – 4200 m. Selten.

Mannsschild-Steinbrech
Saxifraga androsacea Steinbrechgewächse *Saxifragaceae*

Juni – Aug.   2 – 10 cm   ♃

B: 1 – 3 Blüten am Stengelende, um 1 cm im Durchmesser. Stengel und Blätter drüsenhaarig. Fast nur Grundblätter; lanzettlich bis spatelig, selten vorn gezähnt. Pflanzen einzeln bis lockerrasig.
SV: Auf (schnee-)feuchten, kalkhaltigen Steinböden: Feinschutt, Schneemulden. 1400 – 3400 m. Häufig.

Piemonteser Steinbrech
Saxifraga pedemontana Steinbrechgewächse *Saxifragaceae*

Juni – Aug.   5 – 20 cm   ♃

B: 3 – 10 kurzstielige Blüten am Stengelende, 1,5 – 2 cm im Durchmesser (aufgedrückt). Stengel drüsenhaarig. Rosettenblätter keilförmig, 3 – 7lappig, etwas fleischig. Nichtblühende Triebe.
SV: Auf kalk- und feinerdearmen, steinigen Böden: Spalten, Schutt. Westalpen. Bis 2800 m. Selten.

Furchen-Steinbrech *Saxifraga exarata* Steinbrechgewächse *Saxifragaceae*

Juli – Aug.   2 – 15 cm   ♃

B: 2 – 10 Blüten in doldiger Rispe, 1 – 1,5 cm im Durchmesser, zuweilen gelblich oder rötlich. Pflanze drüsig-klebrig mit Harzgeruch. Blätter länglich, vorn in 3 – 7 stumpfe Zipfel geteilt.
SV: Auf kalkfreien, etwas feuchten Steinböden: Fels, Schutt. 1800 – 3500 m. Zerstreut. Formenreich.

Dreifingriger Steinbrech *Saxifraga tridactylites* Steinbrechgewächse *Saxifragaceae*

April – Juni   2 – 20 cm   ☉

B: 3 – 10 langstielige Blüten am Stengelende, 0,5 – 1 cm im Durchmesser. Stengel oft rötlich. Rosette aus spateligen, 3lappigen bis ganzrandigen Blättern, drüsenhaarig. Keine Polster.
SV: Auf trockenen, steinig-sandigen Böden: Mauern, Felsen, Geröll. Bis 1500 m. Selten.

Karst-Steinbrech *Saxifraga petraea* Steinbrechgewächse *Saxifragaceae*

April – Juli   10 – 20 cm   ☉

B: Blüten in sehr lockerer Rispe, bis 2 cm im Durchmesser. Blütenblätter seicht ausgerandet. Pflanze schlaff, drüsig-klebrig. Blätter 3lappig, gezähnt.
SV: Auf feuchten, beschatteten Kalkfelsen: Nischen, Grotten. 200 – 2000 m. Selten. Nur Südalpen vom Comer See nach Osten.

Sumpf-Herzblatt *Parnassia palustris* Steinbrechgewächse Saxifragaceae

Juli – Sept. 5 – 40 cm ♃

B: Blüten einzeln, 1 – 3 cm im Durchmesser, mit 5 Staubblättern und 5 gelblichen „Nebengebilden". 1 Stengelblatt. Grundblätter langstielig, herzförmig, ganzrandig.
SV: Auf meist kalkhaltigen, nährstoffreichen Sumpfböden: Flachmoore, Naßstellen auf Matten, Schutt. Bis 2700 m. Zerstreut.

Tauern-Fingerkraut *Potentilla clusiana* Rosengewächse Rosaceae

Juni – Aug. 5 – 10 cm ♃

B: 1 – 3(5) Blüten am Stengelende, um 2 cm im Durchmesser, Blütenblätter vorn deutlich ausgerandet. Stengel locker behaart, drüsig. Blätter 5zählig, beidseits locker behaart, Rand seidig.
SV: Auf kalkreichen, sonnigen, trockenen Steinböden: Felsen, Schutt. 1400 – 2400 m. Ostalpen häufig (etwa ab Ortler – Zugspitze).

Stengel-Fingerkraut *Potentilla caulescens* Rosengewächse Rosaceae

Juni – Sept. 10 – 30 cm ♃

B: 2 – 7 Blüten am Stengelende, 1,5 – 2,5 cm im Durchmesser. Stengel drüsig-zottig. Blätter 5zählig, oberseits kaum, unterseits dicht behaart.
SV: Auf kalkreichen, feuchten, steinigen Böden: Felsspalten, steile Blockhalden, Grobschutt. Bis 2500 m. Zerstreut.

Alpen-Storchschnabel *Geranium rivulare* Storchschnabelgewächse *Geraniaceae*

Juni – Aug. 20 – 40 cm ♃

B: Doldig-gabliger Blütenstand. Blüten 2 – 3 cm im Durchmesser, weiß mit roten Adern. Blätter tief handförmig geteilt, die Abschnitte wiederum fiederteilig.
SV: Auf kalkarmen, humusreichen Lehmböden: lichter Nadelwald, Heiden, Magerrasen. Bis 2300 m. Zerstreut, im Osten selten.

Wald-Sauerklee
Oxalis acetosella Sauerkleegewächse *Oxalidaceae*

April – Mai 5 – 15 cm ♃

B: Blüten einzeln, 2 – 3 cm im Durchmesser (aufgedrückt). Blütenblätter rötlichviolett geadert. Blätter dreiteilig, kleeartig, hellgrün, behaart.
SV: Auf humushaltigen, eher feuchten, beschatteten Böden: Laub- und Nadelwälder, vereinzelt auch im Legföhrengebüsch. Bis etwa 2000 m. Sehr häufig.

Große Sterndolde *Astrantia maior* Doldengewächse *Apiaceae* (*Umbelliferae*)

Juni – Aug. 30 – 100 cm ♃

B: Blüten klein, in mehreren Dolden, die durch ihre weiß (-rosa) gefärbten Hüllblätter auffallen. Blätter 3 – 5lappig, gezähnt; obere sitzend, untere langgestielt.
SV: Auf nährstoff- und kalkhaltigen Böden: Wälder, Bergwiesen. Zerstreut, ab 1500 m selten. Mehrere ähnliche Arten.

Wald-Brustwurz *Angelica sylvestris* Doldengewächse Apiaceae (Umbelliferae)

Juli – Sept.   50 – 200 cm   ♃

B: Blüten unscheinbar, in 20 – 40strahliger Dolde. Hülle fehlt oder nur mit 1 – 3 Blättchen. Viele Hüllchenblätter. Stengel rund, weißlich bereift. Blätter 2 – 3fach fiederteilig, sehr groß.
SV: Auf feuchten, nährstoffreichen, tiefgründigen Böden: Wälder. Bis etwa 1800 m. Häufig.

Bärwurz *Meum athamanticum* Doldengewächse *Apiaceae (Umbelliferae)*

Mai – Aug.   10 – 50 cm   ♃

B: Blüten unscheinbar, in 5 – 15strahliger Dolde. 0 – 6 Hüllblätter, 3 – 8 Hüllchenblätter. Stengel kantig-rieflig, fast blattlos. Blätter länglich, weich, grün, 2 – 5fach feinzipflig gefiedert.
SV: Auf kalk- und nährstoffarmen Humusböden: Wiesen, Weiden. Bis 2800 m. Zerstreut.

Schwalbenwurz *Vincetoxicum hirundinaria* Schwalbenwurzgewächse *Asclepiadaceae*

Juni – Aug.   30 – 60 cm   ♃

B: Blüten knäuelig im oberen Stengeldrittel, 8 – 10 mm im Durchmesser. Frucht schotenartig; schopfig behaarte Flugsamen. Blätter gegenständig.
SV: Auf meist kalkhaltigen, steinigen, trockenen Böden: Gebüsche, lichte Wälder, Schutthalden. Bis 2500 m. Zerstreut.

Moosauge *Moneses uniflora*
Wintergrüngewächse *Pyrolaceae*
Mai – Aug.   4 – 15 cm   ♃

B: Blüten einzeln, gestielt, grundständig, 1,5 – 2,5 cm im Durchmesser, leicht nickend, flach ausgebreitet. Rosettenblätter immergrün, rundlich-spatelig.
SV: Auf schwach sauren, nährstoffhaltigen Rohhumusböden: Nadelwälder, Zwergstrauchheiden, schattige Moospolster. Bis etwa 2100 m. Selten, örtlich häufig.

Birngrün *Orthilia secunda*
Wintergrüngewächse *Pyrolaceae*
Juni – Juli   15 – 20 cm   ♃

B: 10 – 30 Blüten stehen in einseitswendiger Traube. Griffel ragt aus Blüte heraus. Blüten um 5 mm lang. Blätter im unteren Stengeldrittel, breit lanzettlich, bis 3 cm lang, gezähnelt.
SV: Auf sauren, moosigen, sandiglehmigen, moderigen Böden: Nadelwälder, Legföhrengebüsch. Bis 2300 m. Sehr selten.

Kleines Wintergrün *Pyrola minor*
Wintergrüngewächse *Pyrolaceae*
Juni – Aug.   5 – 30 cm   ♃

B: 4 – 16 Blüten in endständiger, aufrechter Traube, kugelig, nickend, gut 5 mm im Durchmesser. Rosettenblätter wintergrün, eirundlich, breitstielig.
SV: Auf feuchtmoderigen, sauren Stein- und Lehmböden: Nadelwälder, Heiden, Blockhalden, Rasen. Bis 2500 m. Zerstreut. Einige ähnliche, etwas kräftigere Arten.

Alpen-Bärentraube
Arctostaphylos alpina
Heidekrautgewäche *Ericaceae*

Mai – Juni   15 – 40 cm   ♄

B: 2 – 5 Blüten in endständigen, nikkenden Trauben, 5 mm lang, grünlichweiß. Blätter sommergrün, jung bewimpert, bis 5 cm lang, im Herbst leuchtend rot.
SV: Auf steinigen, flachgründigen, rohhumusreichen, sauren Böden: Legföhrenbestände, Zwergstrauchheiden. Bis 2500 m. Selten.

Echte Bärentraube
Arctostaphylos uva-ursi
Heidekrautgewächse *Ericaceae*

März – Juli   30 – 100 cm   ♄

B: 3 – 10 Blüten in endständiger Traube, nickend, 6 mm lang, weiß mit rosa Glockensaum. Niederliegender Spalierstrauch. Blätter immergrün-ledrig, ganzrandig.
SV: Auf schwach sauren, sommerwarmen Böden: Kiefernwälder, Heiden. Bis 2700 m. Häufig, gebietsweise auch selten (Kalkgebiete).

Fieberklee *Menyanthes trifoliata* Enziangewächse
Gentianaceae

Mai – Juni   15 – 30 cm   ♃

B: 5 – 20 Blüten in dichter Traube, oft rosa überlaufen, 2 – 3 cm im Durchmesser. Blütenblätter langfransig. Staubblätter violett. Blätter kleeartig, grundständig, etwas fleischig.
SV: Auf sauren, torfigen, nährstoffarmen Böden: Flachmoore, Hochmoorschlenken, Verlandungsgürtel. Bis 2300 m. Zerstreut.

Zwerg-Mannsschild
Androsace chamaejasme
Primelgewächse *Primulaceae*
Juni – Aug.   2 – 10 cm   ♃

   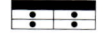

B: 2 – 10 kurzstielige Blüten doldig am Stengelende, 7 – 10 mm im Durchmesser. Blütenblätter abgerundet. Stengel zottig. Blätter rosettig, bis 1,5 cm lang, 2 – 4 mm breit; Rand zottig behaart.
SV: Auf kalk- und humusreichen Steinböden: Rasen, Schutt, Geröll. Bis 3000 m. Zerstreut.

Milchweißer Mannsschild
Androsace lactea
Primelgewächse *Primulaceae*
Mai – Juli   5 – 20 cm   ♃

B: 2 – 6 langgestielte Blüten am Stengelende, 6 – 10 mm im Durchmesser. Blütenblätter etwas ausgerandet. Stengel kahl. Blätter rosettig, bis 2 cm lang, höchstens 2 mm breit; fast kahl.
SV: Auf kalkreichen, feinerdearmen Böden: Felsspalten, Blockhalden. 1500 – 2200 m. Sehr selten.

Zottiger Mannsschild
Androsace villosa
Primelgewächse *Primulaceae*
Juni – Aug.   2 – 10 cm   ♃

B: 2 – 10 kurzstielige Blüten doldig am Stengelende, 7 – 10 mm im Durchmesser. Blütenblätter stumpflich. Stengel zottig. Blätter rosettig, 4 – 8 mm lang, 2 – 3 mm breit, unterseits langzottig.
SV: Auf kalkreichen Steinböden: Grate, Felsen, Schutt. 1200 – 3000 m. Selten. Nur Südalpen.

Stumpfblättriger Mannsschild
Androsace obtusifolia
Primelgewächse *Primulaceae*
Juni – Aug. 4 – 10 cm ♃

B: 3 – 10 kurzstielige Blüten doldig am Stengelende, 5 – 7 mm im Durchmesser, oft rötlich überlaufen. Blätter rosettig, 1 – 2,5 cm lang, 2 – 3 mm breit; rauh.
SV: Auf feuchten, kalk- und nährstoffarmen, sauren, steinigen Böden: lückige Matten, Felsspalten. 2000 – 3000 m. Zerstreut.

Dolomiten-Mannsschild
Androsace hausmannii
Primelgewächse *Primulaceae*
Juli – Aug. 1 – 4 cm ♃

B: Blüten einzeln auf 1 – 12 mm langen Stielen, knapp 5 mm im Durchmesser. Pflanze bildet lockere, kurz und rauh behaarte Polster aus kleinen Rosetten.
SV: Auf kalkreichen Steinböden: Rasen, Schutt, Felsen. Bis 3000 m. Östliche Kalkalpen. Zerstreut ab Linie Iseosee – Königssee.

Vandellis Mannsschild
Androsace vandellii
Primelgewächse *Primulaceae*
Juli – Aug. 0,5 – 5 cm ♃

B: Blüten einzeln auf 2 – 7 mm langen Stielen, etwa 5 mm im Durchmesser. Pflanze bildet dichte, weißfilzige, halbkugelige Polster aus kleinen Rosetten.
SV: Auf kalkfreien, feinerdereichen Böden: Felsspalten und Ritzen im Silikatgestein. Westalpen. 1500 – 3000 m. Zerstreut.

Schweizer Mannsschild
Androsace helvetica
Primelgewächse *Primulaceae*
Mai–Juli   2–6 cm   ♃

  K

B: Blüten einzeln auf 1 mm langen Stielen, etwa 5 mm im Durchmesser. Pflanze bildet dichte, graufilzige, halbkugelige Polster aus kleinen Rosetten.
SV: Auf kalkreichen, feinerdearmen Böden: sonnige Felsen. 1500–3600 m. Nordalpen zerstreut, sonst selten. Ähnliche Arten.

Mehlige Königskerze *Verbascum lychnitis* Braunwurzgewächse *Scrophulariaceae*
Juni–Okt.   50–130 cm   ☉

B: Blüten in gedrungener Rispe, 1–1,5 cm im Durchmesser, flach. Staubfäden dicht weißwollig. Blätter bis 30 cm lang und halb so breit, beidseitig filzig behaart.
SV: Auf meist kalkhaltigen, steiniglehmigen Böden: Ödland, Bahn- und Straßendämme, Schutthalden, Waldränder. Bis 2200 m. Häufig.

Moosglöckchen *Linnaea borealis*
Geißblattgewächse *Caprifoliaceae*
Juli–Aug.   5–15 cm   ♄

  U

B: Meist 2 nickende Blüten auf jedem Stengel, 1–1,5 cm lang, glokkig, weiß-rosa, vanilleduftend. Blätter immergrün, gegenständig, eirundlich, kerbzähnig.
SV: Auf sauren, moosigen Nadelstreuböden: Wälder, schattige Felsen. 1200–2200 m. West- bis Zentralalpen selten.

Felsen-Baldrian *Valeriana saxatilis* Baldriangewächse *Valerianaceae*

Juni – Aug.   5 – 25 cm   ♃

B: Blüten zusammengesetzt-doldig am Stengelende, um 3 mm im Durchmesser. Grundblätter lanzettlich, ganzrandig. Wurzelstock mit faserigen Resten vorjähriger Blätter.
SV: Auf kalkreichen, steinigen, feinerdereichen Böden: Felsspalten, Schutthalden, Geröll, lückige Matten. Bis 2500 m. Selten.

Stein-Baldrian *Valeriana tripteris* Baldriangewächse *Valerianaceae*

April – Juli   10 – 50 cm   ♃

B: Blütenstand endständig, doldenartig, stattlich. Blüten weiß-rosa (vgl. S. 76), um 3 mm lang. Stengel mit 2 – 4 Blattpaaren, ungleich 3teilig, grobzähnig.
SV: Auf mäßig feuchten Steinböden: Felsspalten, Schutt, Steinrasen. Bis 2500 m. Kalkalpen zerstreut, Zentralketten seltener.

Ährige Teufelskralle *Phyteuma spicatum* Glockenblumengewächse *Campanulaceae*

Mai – Aug.   30 – 100 cm   ♃

B: Blüten in dichtwalzlicher Ähre, oft gelblich oder grünlich-weiß, vor dem Aufblühen nach oben gekrümmt. Grundblätter oft schwarz gefleckt.
SV: Auf nährstoff- und humusreichen, tiefgründigen Lehmböden: Wälder, Gebüsche, Viehweiden und Wiesen. Bis 2300 m. Zerstreut.

Weißer Germer *Veratrum album*
Liliengewächse *Liliaceae*
Juni – Aug. 50 – 150 cm ♃

B: Blüten in dichter Rispe, 1 – 2,5 cm im Durchmesser, innen meist weiß, außen grünlich. Blätter wechselständig, breit-eiförmig, stark gerieft, oben kahl (s. S. 24).
SV: Auf feuchten, nährstoff- und gern kalkhaltigen Böden: Viehläger, Weiden, Flachmoore, lichte Auwaldstellen. Bis 2600 m. Zerstreut, oft in großen Mengen.

Trichterlilie *Paradisea liliastrum*
Liliengewächse *Liliaceae*
Juni – Juli 30 – 50 cm ♃

B: 3 – 15 Blüten in meist einseitswendiger Traube, trichterig, um 5 cm lang. Stengel blattlos. Grundblätter grasartig, um 5 mm breit, etwa so lang wie der Stengel.
SV: Auf nährstoff- und kalkreichen Lehmböden: Weiden, Wiesen, Gebüsch, sonnige Kastanienhaine der Südalpen. 1000 – 2400 m. West- und Südalpen zerstreut.

Faltenlilie *Lloydia serotina*
Liliengewächse *Liliaceae*
Juni – Aug. 5 – 15 cm ♃

B: Blüten meist einzeln, glockig, 1,5 – 2,5 cm im Durchmesser (aufgedrückt). Meist 2 grasartige Grundblätter, etwa stengellang. Pflanze kahl, zierlich wirkend.
SV: Auf kalkfreien, humusreichen, sauren, etwas feuchten Böden: Zwergstrauchheiden, Moosrasen, Grate, Felsspalten. 1800 – 3000 m. Zerstreut.

Weiße Narzisse *Narcissus poeticus* ssp. *radiiflorus*
Amaryllisgewächse *Amaryllidaceae*
März – Mai   20 – 30 cm   ♃

B: Blüten meist einzeln auf langem, flachem, blattlosem Stiel, 2 – 4 cm im Durchmesser, weiß, innen mit gelber, rotgerandeter Nebenkrone. Blätter grasartig, graugrün, 3 – 5 mm breit, stumpf.
SV: Auf nährstoffreichen, frühjahrsfeuchten Böden: Wiesen, Gebüsch; oft in Massen. Bis 2000 m. Selten. Süden; sonst verwildert.

Schneeglöckchen *Galanthus nivalis* Amaryllisgewächse *Amaryllidaceae*
Febr. – März   8 – 20 cm   ♃

B: Blüten einzeln auf blattlosem Stengel, nickend. Nur 2 grundständige Blätter, grasartig, etwas fleischig, blaugrün bereift.
SV: Auf mullreichen, grundwasserdurchzogenen, nährstoffreichen Lehmböden: Wälder, Wiesen, Matten. Wild nur in den Südalpen; örtlich verwildert. Bis 2200 m. Selten.

Märzenbecher *Leucojum vernum*
Amaryllisgewächse *Amaryllidaceae*
März – April   10 – 30 cm   ♃

B: 1 – 2 nickende Glockenblüten, 1 – 2 cm lang, weiß mit gelbgrünen Spitzen. Stengel blattlos. 3 – 5 grasartige, dunkelgrüne, dicklich-fleischige Grundblätter.
SV: Auf mull- und nährstoffreichen, feuchten Böden im Halbschatten: Wälder, Gebüsche, Wiesen. Bis 1500 m (Südalpen). Selten, oft nur verwildert.

Frühlings-Krokus *Crocus vernus*
ssp. *albiflorus*
Schwertliliengewächse *Iridaceae*

Febr. – Mai   8 – 15 cm

B: Blüten erscheinen vor den Blättern, weiß bis (seltener) blauviolett. Blätter grasartig, mit umgerolltem Rand und weißem Mittelstreif, zur Blütezeit erst sprießend.
SV: Auf kalkhaltigen, feuchten Lehmböden: Wiesen, Matten. Häufig. Bestandsbildend. Bis 2500 m. Rasse der Südalpen größer; lila.

Dreiblättriges Windröschen
Anemone trifolia Hahnenfußgewächse *Ranunculaceae*

Mai – Juni   10 – 30 cm

B: Meist 1 Blüte, langgestielt, 2 – 4 cm im Durchmesser, aus einem Quirl von 3 gestielten, 3teiligen Blättern. Stengel sonst blattlos. Selten 1 Grundblatt.
SV: Auf nährstoff- und kalkreichen Steinböden: Wälder, Gebüsche, Bergwiesen. Bis 1900 m. Selten, jedoch sehr gesellig.

Tiroler Windröschen *Anemone baldensis* Hahnenfußgewächse *Ranunculaceae*

Juni – Aug.   5 – 15 cm

B: Blüten einzeln, 2,5 – 4 cm im Durchmesser. Blütenblätter außen zottig behaart. Am Stengel 3zähliger Hochblattquirl. Grundblätter mehrfach 3teilig.
SV: Auf kalkhaltigen, trockenen, steinigen Böden: Felsen, Schutt, steinige Matten. Vor allem im Süden. 1800 – 3000 m. Zerstreut.

173

Frühlings-Küchenschelle
Pulsatilla vernalis Hahnenfußgewächse *Ranunculaceae*

April – Juni 5 – 20 cm ♃

B: Blüten einzeln, anfangs geneigt, glockig, 2 – 4 cm im Durchmesser, innen weiß. Pflanze goldhaarig. Stengel mit vielzipflig-trichteriger Hochblatthülle.
SV: Auf nährstoff- und kalkarmen, sauren Böden: Steinmatten, Zwergstrauchheiden. Bis 3500 m. Zerstreut. Sehr veränderlich.

Alpen-Küchenschelle
Pulsatilla alpina Hahnenfußgewächse *Ranunculaceae*

Mai – Juli 10 – 40 cm ♃

B: Blüten einzeln, aufrecht, 3 – 7 cm im Durchmesser. Am Stengel nur 1 Quirl aus 3 fiedrig zerteilten Blättern. Grundblätter vielzipflig (nach der Blüte).
SV: Auf kalkhaltigen, sonnigen Steinböden: Wiesen, Steinrasen, Gebüsch, Krummholz. Bis 2800 m. Zerstreut. Formenreich.

Korianderblättrige Schmuckblume
Callianthemum coriandrifolium Hahnenfußgewächse *Ranunculaceae*

Juni – Aug. 5 – 20 cm ♃

B: Meist 1 Blüte mit 6 – 12 Blütenblättern, 1,5 – 2,5 cm im Durchmesser; Blütenblätter außen nicht zottig. Kein Hochblattquirl. Grundblätter doppelt gefiedert, mit den Blüten erscheinend.
SV: Auf feuchten, kalkfreien, humosen Böden: Matten, Legföhrengebüsch. Bis 2800 m. Selten.

Silberwurz *Dryas octopetala*
Rosengewächse *Rosaceae*

Mai – Aug.   5 – 50 cm   ♄

 K

B: Blüten einzeln, langstielig, 2 – 3,5 cm im Durchmesser, aus den Blattachseln des weitkriechenden Spalierstrauches. Blätter ledrig, elliptisch, am Rand gekerbt und eingerollt, auf der Unterseite weißfilzig.
SV: Auf kalkhaltigen Steinböden: Felsen, Schutt, Rasen, Heiden. Bis 3000 m. Häufig. Pionierpflanze.

Winzige Troddelblume *Soldanella minima* Primelgewächse *Primulaceae*

Mai – Juli   3 – 10 cm   ♃

 K

B: 1 (-2) nickende, trichterig-glockige Blüte(n), 1 – 1,5 cm lang, mit vielzipfligem Saum. Stengel blattlos, drüsig. Grundblätter rundlich, ledrigdicklich.
SV: Auf kalkreichen, kühlen, durchsickerten Böden: Schneemulden, Schuttkegel, Sickerrinnen. Bis 2500 m. Selten.

Silberdistel *Carlina acaulis*
Korbblütengewächse *Asteraceae (Compositae)*

Juni – Sept.   3 – 40 cm   ♃

 ▽

B: Meist 1 endständiges Körbchen von 5 – 12 cm Durchmesser. Röhrenblüten und (innen) silbrige Hüllblätter. Blätter rosettig, fiederspaltig, sehr stachelig.
SV: Auf nährstoffarmen, sommerwarmen Trockenböden: Steinrasen, Heiden, lichte Wälder. Bis 2800 m. Zerstreut. Einige Rassen.

Edelweiß *Leontopodium alpinum* Korbblütengewächse Asteraceae (Compositae)

Juli – Sept.   5 – 15 cm   ♃

B: Körbchen zu 5 – 8 in scheibenförmigem, endständigem Blütenstand mit 5 – 15 großen, weißfilzigen, zungenförmigen Blättern. Blätter länglich, filzig behaart.
SV: Auf nährstoff- und meist kalkreichen, steinigen Böden: Matten, Spalten, Felsschutt. 1800 – 3300 m. Sehr selten.

Alpen-Maßlieb *Aster bellidiastrum* Korbblütengewächse *Asteraceae (Compositae)*

Juni – Sept.   5 – 30 cm   ♃

B: Einzelne, endständige Körbchen, 2 – 4 cm im Durchmesser; innen gelbe Röhrenblüten, außen weiße Zungenblüten. Stengel blattlos. Blätter rosettig, eiförmig.
SV: Auf nährstoffreichen, feuchten, schattigen Böden: Quell- und Flachmoore, Halden, Wälder. Bis 2800 m. Zerstreut.

Gemeine Schafgarbe *Achillea millefolium* Korbblütengewächse *Asteraceae (Compositae)*

Juni – Okt.   15 – 50 cm   ♃

B: Zahlreiche Körbchen doldig am Stengelende, mit nur 4 – 5 weißen Zungenblüten und innen mit gelben Röhrenblüten. Körbchen 4 – 8 mm im Durchmesser. Blätter fein doppelt gefiedert. Aromatisch.
SV: Auf nährstoffreichen, nicht zu feuchten Böden: trockene Matten, Wiesen. Bis 1800 m. Häufig.

Großblättrige Schafgarbe
Achillea macrophylla Korbblütengewächse *Asteraceae (Compositae)*

Juli – Aug.   40 – 100 cm   ♃

B: Viele Körbchen doldig am Stengelende, mit 5 – 8 weißen Zungenblüten und innen mit weißlichen Röhrenblüten. Körbchen bis 1,5 cm im Durchmesser. Blätter grob fiederteilig, Fiedern gesägt.
SV: Auf feuchten, nährstoffreichen Lehmböden: Hochstaudenflur, Nordhänge. Bis 2000 m. Zerstreut.

Steinraute *Achillea clavennae*
Korbblütengewächse *Asteraceae (Compositae)*

Juni – Sept.   10 – 30 cm   ♃

  K

B: 5 – 25 Körbchen schirmartig-doldig am Stengelende. Körbchen um 1,5 cm im Durchmesser, mit 8 – 15 Zungenblüten, innen mit Röhrenblüten. Blätter fiederschnittig, jederseits 3 – 6 Fiedern, seidig.
SV: Auf kalkreichen, steinigen, humushaltigen Böden: Matten, Spalten, Schutt. 1500 – 2500 m. Selten.

Zwerg-Schafgarbe *Achillea nana*
Korbblütengewächse *Asteraceae (Compositae)*

Juli – Sept.   5 – 15 cm   ♃

B: 5 – 20 Körbchen kugelig-doldig am Stengelende. Körbchen um 7 mm im Durchmesser, mit 6 – 8 Zungenblüten, innen mit Röhrenblüten. Blätter fiederschnittig, jederseits mit 6 – 12 Fiedern; wollig.
SV: Auf schneefeuchten Steinböden: Schutt, Steinrasen. Westalpen. 2000 – 3800 m. Zerstreut.

Moschus-Schafgarbe Achillea moschata Korbblütengewächse Asteraceae (Compositae)
Juli – Sept.   15 – 25 cm   ♃

B: 3 – 20 Körbchen schirmartig-doldig am Stengelende. Körbchen um 1,2 cm im Durchmesser, 6 – 10 Zungenblüten, innen mit Röhrenblüten. Blätter tief fiederteilig, Fiedern kammartig angeordnet.
SV: Auf kalkarmen, steinigen, sauren, feuchten Böden: Matten, Schutt. 1500 – 3200 m. Zerstreut.

Schwarze Schafgarbe Achillea atrata Korbblütengewächse Asteraceae (Compositae)
Juli – Sept.   5 – 25 cm   ♃

B: 3 – 15 Körbchen schirmartig-doldig am Stengelende. Körbchen um 1,5 cm im Durchmesser, 7 – 12 Zungenblüten, innen mit Röhrenblüten. Blätter tief fiederteilig, Fiedern schmal, 2 – 5zipflig.
SV: Auf feuchten, kalkreichen Steinböden: Schutt, Steinrasen. 1600 – 2600 m. Zerstreut.

Dolomiten-Schafgarbe Achillea oxyloba Korbblütengewächse Asteraceae (Compositae)
Juni – Sept.   5 – 20 cm   ♃

B: Nur 1 Körbchen am Stengelende, um 2,5 cm im Durchmesser, 13 – 18 Zungenblüten, innen mit Röhrenblüten. Blätter tief fiederspaltig, Zipfel kaum 1 mm breit.
SV: Auf kalk- und feinerdereichen, steinigen Böden: steinige und lückige Matten, Spalten, Felsschutt. 1500 – 2700 m. Selten.

Falsche Kamille
Tripleurospermum perforatum
Korbblütengewächse *Asteraceae (Compositae)*

Juni – Aug.   20 – 60 cm   ☉ ♃

B: Langgestielte Körbchen rispig am Stengelende, 2 – 4 cm im Durchmesser; viele weiße Zungenblüten umgeben die gelben Röhrenblüten. Blätter 2 – 3fach fein fiedrig geteilt.
SV: Auf nährstoffreichen, oft kalkarmen Böden: Unkrautfluren, Straßen. Bis 2000 m. Zerstreut.

Alpen-Wucherblume
Leucanthemopsis alpina Korbblütengewächse *Asteraceae (Compositae)*

Juli – Aug.   5 – 15 cm   ♃

B: Nur 1 Blütenkörbchen am Stengelende, 2 – 4 cm im Durchmesser. Mehr als 15 Zungenblüten; innen gelbe Röhrenblüten. Stengel nur unten beblättert. Grundblätter kammförmig fiederteilig, graugrün.
SV: Auf kalkarmen, feuchten, rohhumushaltigen Böden: Schneetälchen, Schutt. 1800 – 3000 m. Zerstreut.

Sägeblättrige Wucherblume
Leucanthemum halleri
Korbblütengewächse *Asteraceae (Compositae)*

Juli – Sept.   10 – 30 cm   ♃

  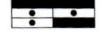

B: Einzelne, endständige Körbchen, 3 – 8 cm im Durchmesser, innen gelbe Röhren-, außen weiße Zungenblüten. Blätter dunkelgrün, fleischig, scharf sägezähnig.
SV: Auf kalkreichen, durchsickerten Steinböden: Ruheschutt, Felsspalten. 1500 – 2800 m. Zerstreut. Mehrere Kleinarten.

Sumpfwurz
Epipactis palustris
Orchideengewächse *Orchidaceae*
Juni – Aug. 30 – 50 cm ♃

B: Blüten traubig, ohne Sporn, 2 – 3 cm lang, leicht hängend; Lippe deutlich zweigliedrig, am Rand wellig, rosa geadert. Blätter länglich-lanzettlich, scheidig, parallelnervig.
SV: Auf feuchten, kalkhaltigen, humosen Böden: Flachmoore, quellige Stellen in Matten, Ufer. Bis 2200 m. Sehr selten.

Zweiblättrige Waldhyazinthe
Platanthera bifolia Orchideengewächse *Orchidaceae*
Mai – Aug. 15 – 50 cm ♃

B: Viele Blüten in lockerer Traube, mit fädlichem, nach hinten verjüngtem Sporn 2 – 5 cm lang; Lippe zungenförmig, herabhängend. 2 gegenständige Grundblätter.
SV: Auf sauren, nährstoffarmen, wechseltrockenen Lehmböden: Wälder, Gebüsch, Rasen. Bis 2100 m. Zerstreut. Sehr veränderlich.

Grünliche Waldhyazinthe
Platanthera chlorantha Orchideengewächse *Orchidaceae*
Mai – Aug. 20 – 60 cm ♃

B: Viele Blüten in lockerer Traube, mit fädlichem, nach hinten verdicktem Sporn 3 – 5 cm lang; Lippe schmal, spitz, herabhängend. 2 gegenständige Grundblätter.
SV: Auf milden, kalk- und nährstoffhaltigen, feuchten Lehmböden: Wälder, Feuchtwiesen. Bis 1800 m. Selten (seltener als vorige).

Netzblatt *Goodyera repens*
Orchideengewächse *Orchidaceae*
Juli – Aug.   10 – 30 cm   ♃

 ▽

B: 10 – 15 Blüten in bis 5 cm langer, schwach gedrehter Ähre. Blüten um 5 mm lang, behaart, süßlich duftend. Oberflächlich kriechender Wurzelstock. Blätter eiförmig, dicklich, netznervig.
SV: Auf mäßig trockenen, humussauren, sandigen, etwas kalkhaltigen Böden: moosige Nadelwälder. Bis 2000 m. Sehr selten.

Bleichender Klee *Trifolium pallescens* Schmetterlingsblütengewächse *Fabaceae (Leguminosae)*
Juni – Aug.   5 – 20 cm   ♃

 U

B: Vielblütiges, kugeliges Köpfchen, 1 – 2 cm breit. Blüten hellrosa-schmutzigweiß. Blätter kleeartig. Teilblättchen verkehrt-eiförmig, kahl, fein gezähnelt.
SV: Auf lockeren, nährstoffreichen, kalkarmen Böden: Moränen, Steinrasen, Geröll, Felsen. 1500 – 3100 m. Zentralalpen. Zerstreut.

Berg-Klee *Trifolium montanum*
Schmetterlingsblütengewächse
Fabaceae (Leguminosae)
Mai – Okt.   15 – 50 cm   ♃

B: Vielblütiges Köpfchen, 1 – 2 cm lang und fast ebenso breit. Blätter kleeartig. Teilblättchen länglich, am Rand gesägt, behaart.
SV: Auf kalkhaltigen, nährstoff- und besonders stickstoffarmen, lehmigen Böden: Matten, lichte Wälder und Gebüsche in wärmeren Lagen. Bis 2000 m. Zerstreut.

Weiß-Klee *Trifolium repens*
Schmetterlingsblütengewächse
Fabaceae (Leguminosae)
Mai – Sept.   20 – 50 cm   ♃

B: Vielblütiges, kugeliges Köpfchen, um 2 cm breit. Blüten weiß, selten etwas rosa oder grünlich. Stengel weitkriechend. Blätter kleeartig, Teilblättchen rundlich-eiförmig, kahl, gezähnelt.
SV: Auf nährstoffreichen Lehmböden: Wiesen, Weiden, Wege. Bis 2700 m. Häufig. Formenreich.

Alpen-Tragant *Astragalus alpinus*
Schmetterlingsblütengewächse
Fabaceae (Leguminosae)
Juni – Aug.   5 – 20 cm   ♃

 K

B: 5 – 15 Blüten kopfig am Stengelende, 1 – 1,5 cm lang, nickend; Fahne bläulich überlaufen. Blätter mit 15 – 25 Teilblättchen. Teilblättchen 0,5 – 2 cm lang, 1/2 bis 1/4 so breit wie lang.
SV: Auf steinigen, kalkreichen Böden: Matten, Moränen, Schutthalden. 1500 – 2800 m. Zerstreut.

Wald-Wicke *Vicia sylvatica*
Schmetterlingsblütengewächse
Fabaceae (Leguminosae)
Juni – Aug.   50 – 300 cm   ♃

B: 10 – 20 Blüten in gestielten, einseitswendigen Trauben, 1 – 2 cm lang, weiß mit violetter Aderung. Stengel liegend-kletternd. Blätter gefiedert, mit Ranken.
SV: Auf nährstoffreichen, steinigen Lehmböden: Wälder, Staudenfluren, Hecken. Bis 2200 m. Zerstreut. Wuchs- und Farbformen.

Weiße Taubnessel *Lamium album*
Lippenblütengewächse
Lamiaceae (Labiatae)
April – Okt. 30 – 60 cm ♃

B: 5 – 8 Blüten quirlartig in den oberen Blattachseln. Oberlippe löffelförmig; Unterlippe zweilappig. Blätter brennesselähnlich, ohne Brennhaare, gegenständig.
SV: Auf nährstoff-, besonders stickstoffreichen, humosen Lehmböden: Ödland, Wiesen, Lägerflur. Bis fast 2000 m. Häufig.

Wiesen-Augentrost *Euphrasia officinalis* ssp. *rostkoviana* Braunwurzgewächse *Scrophulariaceae*
Juli – Okt. 5 – 25 cm ☉

B: Blüten in den oberen Blattachseln, 1 – 1,5 cm lang, mit gelbem Schlund und violetten, strichförmigen Saftmalen. Blätter eiförmig, grob gekerbt-gezähnt.
SV: Auf nährstoffreichen, kalk- und stickstoffarmen Böden: magere Wiesen und Matten, Gebüsche. Bis 2500 m. Zerstreut.

Alpen-Fettkraut *Pinguicula alpina* Wasserschlauchgewächse *Lentibulariaceae*
Mai – Aug. 3 – 15 cm ♃

B: Blüten einzeln, grundständig, langgestielt, 1 – 2 cm lang, mit Sporn. Grundblätter rosettig, eizungenförmig, gelbgrün, klebrig, Rand gerollt (Insektenfänger).
SV: Auf kalkhaltigen, feuchten Steinoder Sumpfböden: Moore, Matten, Heiden, Felsen. Bis 2600 m. Zerstreut; Zentralalpen selten.

Register

Wegen des Umfangs des Registers wurden zweiteilige deutsche Namen nur einmal, und zwar mit vorgestelltem Gattungsnamen aufgeführt. So ist z.B. der „Ästige Enzian" nur unter „Enzian, Ästiger" zu suchen.

Achillea atrata 178
– *clavennae* 177
– *macrophylla* 177
– *millefolium* 176
– *moschata* 178
– *nana* 177
– *oxyloba* 178
Acinos alpinus 99
Aconitum anthora 42
– *napellus* 126
– *variegatum* 126
– *vulparia* 43
Adenostyles alliariae 87
– *glabra* 87
– *leucophylla* 87
Adoxa moschatellina 137
Ajuga genevensis 131
– *pyramidalis* 131
– *reptans* 124
Akelei, Alpen- 109
– Kleinblütige 110
– Schwarze 109
– Wald- 109
Alchemilla alpina 137
Allermannsharnisch 26
Allium schoenoprasum 78
– *victorialis* 26
Almrausch, Beharter 68
– Rostroter 68
Alpenaurikel 23
Alpendost, Filziger 87
– Kahler 87
– Grauer 87
Alpenhelm 134
Alpenlattich, Filziger 88
– Roter 88
Alpenrachen 53
Bergscharte, Echte 124
– Zweifarbige 124
– Zwerg- 124
Alpenveilchen 69
Alyssum alpestre 10
– *ovirense* 9

Ampfer, Schnee- 54
– Alpen- 54
Androsace alpina 75
– *carnea* 74
– *chamaejasme* 167
– *hausmannii* 168
– *helvetica* 169
– *lactea* 167
– *obtusifolia* 168
– *vandellii* 168
– *villosa* 167
– *vitaliana* 23
– *wulfeniana* 74
Anemone baldensis 173
– *narcissiflora* 153
– *trifolia* 173
Angelica sylvestris 164
Antennaria dioica 89
Anthyllis vulneraria 44
Aquilegia alpina 109
– *atrata* 109
– *einseleana* 110
– *vulgaris* 109
Arabis alpina 146
– *caerulea* 103
– *bellidifolia* 147
– *soyeri* 147
Arctium tomentosum 82
Arctostaphylos alpina 166
– *uva-ursi* 166
Arenaria ciliata 152
Arnica montana 32
Arnika 32
Artemisia genipi 37
– *glacialis* 36
– *nitida* 37
– *umbelliformis* 37
Aster alpinus 89
– *bellidiastrum* 176
Aster, Alpen- 89
Astragalus alpinus 182
– *exscapus* 45
– *frigidus* 46
– *penduliflorus* 45
Astrantia maior 163
Augentrost, Alpen- 135
– Wiesen- 183
– Zwerg- 53

Bärentraube, Alpen- 166
– Echte 166
Bärwurz 164
Baldrian, Berg- 76
– Felsen- 170
– Stein- 170

– Zwerg- 76
Bartsia alpina 134
Batunge, Gelbe 49
Berardia subacaulis 31
Berardie 31
Berberis vulgaris 28
Berberitze 28
Bergscharte 84
Berufkraut, Einblütiges 89
Birngrün 165
Biscutella laevigata 9
Bistorta officinalis 59
– *viviparum* 149
Braunelle, Große 133
– Kleine 133
Braya alpina 146
Brillenschötchen 9
Brustwurz, Wald- 164
Buphthalmum salicifolium 36
Bupleurum ranunculoides 22
– *stellatum* 21

Callianthemum coriandrifolium 174
Calluna vulgaris 80
Caltha palustris 12
Campanula alpina 119
– *barbata* 119
– *cenisia* 121
– *cochleariifolia* 120
– *elatine* 122
– *glomerata* 119
– *morettiana* 122
– *pulla* 121
– *raineri* 121
– *rhomboidalis* 120
– *scheuchzeri* 120
– *spicata* 122
– *thyrsoides* 25
– *trachelium* 123
Cardamine alpina 145
– *amara* 146
– *asarifolia* 145
– *bulbifera* 102
– *enneaphyllos* 10
– *pentaphyllos* 102
– *resedifolia* 145
Carduus defloratus 84
– *nutans* 83
– *personata* 84
Carlina acaulis 175
– *vulgaris* 30
Centaurea jacea 86
– *montana* 125
– *pseudophrygia* 85

– scabiosa 86
– uniflora 85
– uniflora nervosa 85
Cerastium alpinum 151
– latifolium 151
– uniflorum 151
Cerinthe glabra 24
Chamorchis alpina 41
Christrose 153
Cicerbita alpina 125
– plumieri 125
Circaea alpina 148
Cirsium acaule 83
– eriophorum 82
– erisithales 31
– heterophyllum 83
– spinosissimum 31
Clematis alpina 102
Coeloglossum
   viride 141
Colchicum alpinum 77
Coronilla vaginalis 44
Cortusa matthioli 69
Crepis aurea 90
– terglouensis 40
Crocus vernus ssp.
   albiflorus 173
Cyclamen purpurascens 69
Cypripedium
   calceolus 42

Dactylorhiza
   incarnata 94
– maculata 94
– majalis 95
– sambucina 42, 95
– traunsteineri 95
Daphne alpina 147
– cneorum 56
– mezereum 57
– striata 56
Delphinium elatum 126
Dianthus alpinus 61
– barbatus 62
– carthusianorum 63
– glacialis 63
– monspessulanus 149
– pavonius 61
– plumarius 62
– seguieri 64
– superbus 62
– sylvestris 63
Digitalis grandiflora 50
– lutea 49
Distel, Alpen- 84
– Berg- 84
– Nickende 83

Doronicum
   austriacum 32
– clusii 33
– grandiflorum 33
Dost, Wilder 99
Dotterblume, Sumpf- 12
Draba aizoides 9
– incana 144
– siliquosa 144
– tomentosa 144
Drachenkopf,
   Berg- 132
Drachenmaul 133
Dracocephalum ruyschiana 132
Drosera rotundifolia 155
Dryas octopetala 175

Echium vulgare 116
Edelraute, Echte 37
– Glänzende 37
– Gletscher- 36
– Schwarze 37
Edelweiß 176
Ehrenpreis, Ähriger 107
– Alpen- 107
– Bachbungen- 108
– Blattloser 105
– Fels- 106
– Gamander- 105
– Maßlieb- 106
– Nesselblättriger 105
– Quendel- 107
– Wald 106
Einbeere 139
Eisenhut, Blauer 126
– Gescheckter 126
– Giftheil- 42
– Wolfs- 43
Enzian, Ästiger 116
– Alpen- 112
– Aufgeblasener 114
– Bayerischer 114
– Bitterer 115
– Brauner 81
– Deutscher 115
– Feld- 104
– Fransen- 103
– Frühlings- 113
– Gelber 24
– Großblütiger 112
– Kochs 113
– Kreuz- 103
– Kurzblättriger 114
– Niederliegender 123
– Purpur- 82
– Rundblättriger 113
– Schnee- 115

– Schwalbenwurz- 112
– Steirer 23
– Tüpfel- 30
– Zarter 104
– Zwerg- 104
Epilobium
   alsinifolium 58
– anagallidifolium 58
– angustifolium 57
– fleischeri 57
Epimedium alpinum 8
Epipactis atrorubens 91
– helleborine 140
– palustris 180
Erica carnea 58
Erigeron uniflorus 89
Erinus alpinus 75
Eritrichium nanum 117
Eryngium alpinum 111
Erythronium
   dens-canis 77
Eupatorium cannabinum 86
Euphorbia amygdaloides 137
– cyparissias 11
Euphrasia alpina 135
– minima 53
– officinalis ssp. rostkoviana 183

Faltenlilie 171
Farnrauke 10
Felsenblümchen,
   Filziges 144
– Graues 144
– Immergrünes 9
– Kärntner 144
Felsenröschen 67
Ferkelkraut,
   Einköpfiges 38
Fettkraut, Alpen- 183
– Gemeines 135
Fieberklee 166
Fingerhut, Gelber 49
– Großblütiger 50
Fingerkraut,
   Dolomiten- 65
– Gold- 20
– Großblütiges 19
– Hochgebirgs- 19
– Stengel- 162
– Tauern- 162
– Zottiges 20
Flockenblume,
   Berg- 125
– Einköpfige 85
– Federige 85

Flockenblume,
  Perücken- 85
– Skabiosen- 86
– Wiesen- 86
Frauenmantel,
  Alpen- 137
Frauenschuh 42
Fritillaria tubiformis 77

Gänsekresse,
  Alpen- 146
– Blaue 103
– Glanz- 147
– Zwerg- 147
Gagea fragifera 27
Galanthus nivalis 172
*Galeopsis
  angustifolia* 97
– *tetrahit* 97
*Galium
  anisophyllum* 148
– *verum* 11
Gamander, Berg- 48
– Edel- 97
Gelbling 19
Gemskresse 143
Gemswurz,
  Großblütige 33
– Österreichische 32
– Zottige 33
Gentiana acaulis 113
– *alpina* 112
– *asclepiadea* 112
– *bavarica* 114
– *brachyphylla* 114
– *clusii* 112
– *cruciata* 103
– *frigida* 23
– *lutea* 24
– *nivalis* 115
– *orbicularis* 113
– *pannonica* 81
– *prostrata* 123
– *punctata* 30
– *purpurea* 82
– *utriculosa* 114
– *verna* 113
*Gentianella
  marella* 115
– *campestris* 104
– *ciliata* 103
– *germanica* 115
– *nana* 104
– *ramosa* 116
– *tenella* 104
Geranium macrorrhizum 66
– *rivulare* 163

– *sanguineum* 66
– *sylvaticum* 66, 110
Germer, Weißer 171
Geum montanum 18
– *reptans* 30
Gipskraut,
  Kriechendes 153
*Globularia
  cordifolia* 135
– *nudicaulis* 136
Glockenblume,
  Ähren- 122
– Alpen- 119
– Bärtige 119
– Büschel- 119
– Dolomiten- 122
– Dunkle 121
– Insubrische 121
– Kleine 120
– Mont-Cenis- 121
– Nesselblättrige 123
– Rautenblättrige 120
– Samt- 122
– Scheuchzers 120
– Strauß- 25
Golddistel 30
Goldnessel 48
Goldprimel 23
Goldrute, Echte 36
Goldstern, Alpen- 27
Goodyera repens 181
Greiskraut, Alpen- 35
– Eberrauten- 35
– Einblütiges 34
– Feld- 33
– Gemswuz- 34
– Klebriges 35
– Weißgraues 34
Günsel, Heide- 131
– Kriechender 131
– Pyramiden 131
*Gymnadenia
  conopsea* 92
– *odoratissima* 92
Gypsophila repens 153

Habichtskraut,
  Alpen- 40
– Kleines 39
– Orangerotes 90
– Zottiges 40
Händelwurz, Große 92
– Wohlriechende 92
Hahnenfuß, Alpen- 155
– Bastard- 12
– Berg- 14
– Brennender 12
– Eisenhutblättriger 155

– Gletscher- 154
– Herzblättriger 154
– Knolliger 13
– Kriechender 13
– Pyrenäen- 154
– Scharfer 14
– Zwerg- 13
Hartheu, Berg- 20
Hasenlattich, Roter 90
Hasenohr, Berg- 22
– Sterndolden- 21
Hauswurz, Berg- 80
– Dach- 80
– Gelbe 29
– Großblütige 29
– Italienische 29
– Serpentin- 28
– Spinnweben- 79
Heckenkirsche,
  Blaue 25
Hedysarum hedysaroides 96
Heide, Schnee- 58
Heidekraut 80
Heidelbeere 139
Heilglöckchen 69
Helmkraut,
  Alpen- 98, 132
Helianthemum nummularium 21
– *oelandicum* ssp.
  alpestre 21
Helleborus niger 153
Hellerkraut,
  Rundblättriges 55
– Voralpen- 142
*Herminium
  monorchis* 140
Herzblatt, Sumpf- 162
Hexenkraut, Alpen- 148
Hieracium alpinum 40
– *aurantiacum* 90
– *pilosella* 39
– *villosum* 40
Himmelsherold 117
Himmelsleiter 116
Hippocrepis comosa 45
Hohlzahn,
  Schmalblättriger 97
– Stechender 97
Hohlzunge 141
Homogyne alpina 88
– *discolor* 88
Honigorchis 140
*Horminum
  pyrenaicum* 133
Hornklee, Gemeiner 44
Hornkraut, Alpen- 151

– Kalkalpen- 151
– Urgebirgs- 151
Hornungia petraea 143
Hufeisenklee 45
Huflattich 32
Hugueninia tanacetifolia 10
Hundszahn 77
Hypericum montanum 20
Hypochaeris uniflora 38

Jovibarba globifera ssp. *allioni* 29

Kamille, Falsche 179
Katzenpfötchen, Zweihäusiges 89
Kernera saxatilis 143
Klappertopf, Kleiner 52
– Schmalblättriger 51
– Zottiger 51
Klee, Alpen- 96
– Berg- 181
– Bleichender 181
– Braun- 43
– Weiß- 182
Klette, Filzige 82
Knabenkraut, Blasses 41
– Brand- 93
– Helm- 93
– Spitzels 94
– Stattliches 93
Knautia dipsacifolia 136
Knöterich, Knöllchen- 149
– Schlangen- 59
Kölme, Alpen- 99
Königskerze, Mehlige 169
– Schwarze 24
Kohlröschen, Rotes 91
– Schwarzes 91
Kratzdistel, Alpen- 31
– Klebrige 31
– Stengellose 83
– Verschiedenblättrige 83
– Woll- 82
Kreuzblume, Alpen- 128
– Bittere 128
– Schopfige 96
Krokus, Frühlings- 173

Kronwicke, Scheiden- 44
Kuckucksblume, Breitblättrige 95
– Fleischrote 94
– Gefleckte 94
– Holunder- 42, 95
– Traunsteiner 95
Küchenschelle, Alpen- 174
– Berg- 79
– Frühlings- 174
– Gelbe Alpen- 27
– Hallers- 123
Kugelblume, Herzblättrige 135
– Nacktstengelige 136
Kugelorchis 92
Kugelschötchen 143

Labkraut, Alpen- 148
– Echtes 11
Läusekraut, Büscheliges 101
– Buntes 51
– Fleischrotes 101
– Gelbes 50
– Geschnäbeltes 101
– Gestutztes 100
– Knolliges 50
– Quirlblättriges 100
– Rosarotes 100
Lamium album 183
– *galeobdolon* 48
– *maculatum* 98
Lathyrus laevigatus ssp. *occidentalis* 46
Lauch, Alpen- 78
Leberbalsam 75
Leimkraut, Felsen- 150
– Stengelloses 60
Lein, Alpen- 110
Leinblatt, Alpen- 142
– Wiesen- 149
Leinkraut, Alpen- 134
Leontodon autumnalis 38
– *helveticus* 38
– *montanus* 39
Leontopodium alpinum 176
Lerchensporn, Gelber 43
Leucanthemopsis alpina 179
Leucanthemum halleri 179
Leucojum vernum 172

Lichtnelke, Jupiter- 59
Ligusticum mutellina 67
Lilie, Feuer- 78
Lilium bulbiferum 78
– *martagon* 78
Linaria alpina 134
Linnaea borealis 169
Linum alpinum 110
Listera ovata 141
Lloydia serotina 171
Löwenzahn 39
– Berg- 39
– Herbst- 38
– Schweizer 39
Loiseleuria procumbens 67
Lomatogonium carinthiacum 111
Lonicera caerulea 25
Lotus corniculatus 44
Lungenkraut, Berg- 75

Mänderle, Blaues 108
Märzenbecher 172
Mannsschild, Alpen- 75
– Dolomiten- 168
– Milchweißer 167
– Roter 74
– Schweizer 169
– Stumpfblättriger 168
– Vandellis 168
– Wulfens 74
– Zottiger 167
– Zwerg- 167
Mannstreu, Alpen- 111
Maßlieb, Alpen- 176
Mastkraut, Niederliegendes 139
Mauerpfeffer, Alpen- 15
– Buckel- 156
– Einjähriger 15
– Felsen- 16
– Schwarzer 65, 156
– Scharfer 15
– Weißer 156
Mehlprimel 71
Meirich, Frühlings- 152
Melampyrum pratense 52
– *sylvaticum* 52
Mentha arvensis 134
Menyanthes trifoliata 166
Meum athamanticum 164
Milchlattich, Alpen- 125
– Französischer 125

187

Milzkraut, Wechsel-
  blättriges 11
Minuartia verna 152
Minze, Acker- 134
Moehringia ciliata 152
Mohn, Gelber Alpen- 8
– Weißer Alpen- 142
Moneses uniflora 165
Moosauge 165
Moosglöckchen 169
Moschuskraut 137
Mutterwurz, Alpen- 67
Myosotis sylvatica ssp.
  alpestris 117

Nabelmiere, Alpen- 152
Nachtnelke, Rote 60
Narcissus poeticus ssp.
  radiiflorus 172
– *pseudo-narcissus* 27
Narzisse, Gelbe 27
– Weiße 172
Natternkopf 116
Nelke, Alpen- 61
– Bart- 62
– Busch-64
– Feder- 62
– Gletscher- 63
– Karthäuser- 63
– Montpellier- 149
– Pfauen- 61
– Pracht- 62
– Stein- 63
Nelkenwurz, Berg- 18
– Kriechende 30
Neottia nidus-avis 140
Nestwurz 140
Netzblatt 181
Nigritella nigra 91
– *rubra* 91

Odontites lutea 53
Orchis mascula 93
– *militaris* 93
– *pallens* 41
– *spitzelii* 94
– *ustulata* 93
Origanum vulgare 99
Orthilia secunda 165
Oxalis acetosella 163
Oxyria digyna 54
*Oxytropis
  campestris* 46
– *jacquinii* 127

Paederota
  bonarota 108
Paeonia officinalis 79

Papaver alpinum ssp.
  rhaeticum 8
– ssp. *sendtneri* 142
Paradisea liliastrum 171
Paris quadrifolia 139
Parnassia palustris 162
Pechnelke, Alpen- 59
Pedicularis foliosa 50
– *gyroflexa* 101
– *oederi* 51
– *recutita* 100
– *rosea* 100
– *rostrato-capitata* 101
– *rostrato-spicata* 101
– *tuberosa* 50
– *verticillata* 100
Pestwurz, Alpen- 88
Petasites paradoxus 88
Petrocallis pyrenaica 56
Pfingstrose 79
Physoplexis comosa 76
*Phyteuma betonicifo-
  lium* 118
– *globulariifolium* 118
– *hemisphaericum* 118
– *orbiculare* 117
– *spicatum* 170
Pinguicula alpina 183
– *vulgaris* 135
Pippau, Gold- 90
– Triglav- 40
Plantago alpina 148
– *atrata* 138
– *lanceolata* 138
– *major* 138
Platanthera bifolia 180
– *chlorantha* 180
Platterbse, Gelbe 46
*Polemonium
  caeruleum* 116
Polygala alpina 128
– *amarella* 128
– *chamaebuxus* 47
– *comosa* 96
Potentilla aurea 20
– *caulescens* 162
– *clusiana* 162
– *crantzii* 20
– *frigida* 19
– *grandiflora* 19
– *nitida* 65
*Prenanthes
  purpurea* 90
Primel, Behaarte 72
– Breitblättrige 70
– Clusius 70
– Ganzblättrige 72
– Hallers 71

– Inntaler 73
– Klebrige 73
– Meergrüne 72
– Piemonteser 73
– Pracht- 70
– Wald- 22
– Wiesen- 22
– Wulfens 69
– Zottige 71
– Zwerg- 74
Primula auricula 23
– *clusiana* 70
– *daonensis* 73
– *elatior* 22
– *farinosa* 71
– *glaucescens* 72
– *glutinosa* 73
– *halleri* 71
– *hirsuta* 72
– *integrifolia* 72
– *latifolia* 70
– *minima* 74
– *pedemontana* 73
– *spectabilis* 70
– *veris* 22
– *villosa* 71
– *wulfeniana* 69
Pritzelago alpina 143
Prunella grandiflora 133
– *vulgaris* 133
Pseudofumaria lutea 43
*Pseudolysimachion spi-
  catum* 107
Pseudorchis albida 41
Pulmonaria mollis 75
Pulsatilla alpina 174
– *alpinia*, ssp.
  apiifolia 27
– *halleri* 123
– *montana* 79
– *vernalis* 174
Pyrola minor 165

Ranunculus aconitifo-
  lius 155
– *acris* 14
– *alpestris* 155
– *bulbosus* 13
– *flammula* 12
– *glacialis* 154
– *hybridus* 12
– *montanus* 14
– *parnassifolius* 154
– *pygmaeus* 13
– *pyrenaeus* 154
– *repens* 13
Rapunzel, Schopf- 76
Rauschbeere 67

Rhinanthus alectorolophus 51
– *glacialis* 51
– *minor* 52
Rhodiola rosea 14
Rhododendron ferrugineum 68
– *hirsutum* 68
Rhodothamnus chamaecistus 68
Rindsauge 36
Rittersporn, Hoher 126
Rosa pendulina 65
Rose, Alpen- 65
Rosenwurz 14
Rumex alpinus 54
– *nivalis* 54

Säuerling, Alpen- 54
Sagina procumbens 139
Salbei, Klebriger 49
– Quirlblütiger 132
Salvia glutinosa 49
– *verticillata* 132
Sandkraut, Wimper- 152
Saponaria cymoides 61
– *pumila* 60
Sauerklee, Wald- 163
Saussurea alpina 124
– *discolor* 124
– *pygmaea* 124
Saxifraga aizoides 16
– *androsacea* 160
– *aphylla* 18
– *aspera* 159
– *biflora* 64
– *bryoides* 17
– *burserana* 158
– *caesia* 158
– *cernua* 159
– *cotyledon* 157
– *crustata* 157
– *exarata* 161
– *moschata* 18
– *muscoides* 160
– *mutata* 16
– *oppositifolia* 64
– *paniculata* 157
– *pedemontana* 160
– *petraea* 161
– *rotundifolia* 158
– *sedoides* 17
– *seguieri* 17
– *stellaris* 159
– *tridactylites* 161

Scabiosa lucida 136
Scabiose, Glänzende 136
Schachblume, Burnats 77
Schafgarbe, Dolomiten 178
– Gemeine 176
– Großblättrige 177
– Moschus- 178
– Schwarze 178
– Zwerg- 177
Schaumkraut, Alpen- 145
– Bitteres 146
– Haselwurzblatt- 145
– Resedenblatt- 145
Schmuckblume, Korianderblättrige 174
Schneeglöckchen 172
Schotenkresse 146
Schwalbenwurz 164
Scutellaria alpina 98, 132
Sedum acre 15
– *album* 156
– *alpestre* 15
– *annuum* 15
– *atratum* 65, 156
– *dasyphyllum* 156
– *reflexum* 16
Seidelbast, Alpen- 147
– Gewöhnlicher 57
– Rosmarin- 56
Seifenkraut, Rotes 61
– Zwerg- 60
Sempervivum arachnoideum 79
– *grandiflorum* 29
– *montanum* 80
– *pittonii* 28
– *tectorum* 80
– *wulfenii* 29
Senecio abrotanifolius 35
– *alpinus* 35
– *doronicum* 34
– *halleri* 34
– *incanus* 34
– *viscosus* 35
Sibbaldia procumbens 19
Silberdistel 175
Silberwurz 175
Silene acaulis 60
– *alpestris* 150
– *dioica* 60
– *flos-jovis* 59

– *pusilla* 150
– *rupestris* 150
– *suecica* 59
Simsenlilie, Kelch 26
– Sumpf 26
Sitter, Breitblättrige 140
– Schwarzrote 91
Sockenblume 8
Soldanella alpina 81
– *alpicola* 81
– *minima* 175
Solidago virgaurea 36
Sonnenröschen, Alpen- 21
– Gelbes- 21
Sonnentau, Rundblättriger 155
Speik, Echter 25
Spitzkiel, Berg- 127
– Gemeiner 46
Stachys alpina 98
Stachys alopecuros 49
Steinbrech, Bach- 16
– Birnmoos- 17
– Blattloser 18
– Blaugrüner 158
– Bursers 158
– Dreifingriger 161
– Fettblatt- 157
– Furchen- 161
– Karst- 161
– Kies- 16
– Krusten- 157
– Mannsschild- 160
– Mauerpfeffer- 17
– Moos- 160
– Moschus- 18
– Nickender 159
– Piemonteser 160
– Rauher 159
– Roter 64
– Rundblättriger 158
– Seguiers 17
– Stern- 159
– Trauben- 157
– Zweiblütiger 64
Steinkraut, Alpen- 10
– Karawanken- 9
Steinkresse, Felsen- 143
Steinraute 177
Steinröschen 56
Steinschmückel 56
Stemmacanthea rhapontica 84
Sterndolde, Große 163
Stiefmütterchen, Acker- 47

Storchschnabel,
Alpen- 163
– Blutroter 66
Storchschnabel,
Felsen- 66
– Wald- 66
Strahlensame,
Alpen- 150
– Vielzähniger 150
Succisa pratensis 108
Süßklee, Alpen- 96
Sumpfwurz 180
Swertia perennis 111

Tarant 111
*Taraxacum officinale
agg.* 39
Taubnessel,
Gefleckte 98
– Weiße 183
Tauernblümchen 111
*Tephroseris integrifolia
ssp. capitata* 33
*Teucrium
chamaedrys* 97
– *montanum* 48
Teufelsabbiß 108
Teufelskralle,
Ährige 170
– Armblütige 118
– Kugelige 117
– Schmalblättrige 118
– Ziestblättrige 118
Thalictrum alpinum 55
– *aquilegifolium* 55
– *minus* 8
Thesium alpinum 142
– *pyrenaicum* 149
Thlaspi alpestre 142
– *cepaeifolium* ssp.
rotundifolium 55
Thymian,
Gewöhnlicher 99
Thymus pulegioides 99
Tofieldia calyculata 26
– *pusilla* 26
Tozzia alpina 53
Tragant, Alpen- 182
– Blasen- 45
– Eis- 46
– Stengelloser 45
*Traunsteinera
globosa* 92
Trichterlilie 171
Trifolium alpinum 96
– *badium* 43
– *montanum* 181
– *pallescens* 181

– *repens* 182
Tripleurospermum perforatum 179
Troddelblume,
Alpen- 81
– Kleine 81
– Winzige 175
Trollblume 28
Trollius europaeus 28
Türkenbund 78
Tussilago farfara 32

Vaccinium
uliginosum 67
– *myrtillus* 139
Valeriana celtica 25
– *montana* 76
– *saxatilis* 170
– *supina* 76
– *tipteris* 170
Veilchen, Alpen- 128
– Dubys 129
– Fieder- 129
– Galmei- 47
– Geröll- 129
– Pyrenäen- 130
– Sumpf- 130
– Wald- 130
– Zweiblütiges 48
Veratrum album 171
*Verbascum
lychnitis* 169
– *nigrum* 24
Vergißmeinnicht,
Alpen- 117
Veronica alpina 107
– *aphylla* 105
– *beccabunga* 108
– *bellidioides* 106
– *chamaedrys* 105
– *fruticans* 106
– *officinalis* 106
– *serpyllifolia* 107
– *urticifolia* 105
Vicia cracca 127
– *sepium* 127
– *sylvatica* 182
Vincetoxicum hirundinaria 164
Viola biflora 48
– *calcarata* 128
– *cenisia* 129
– *dubyana* 129
– *lutea* 47
– *palustris* 130
– *pinnata* 129
– *pyrenaica* 130
– *reichenbachiana* 130

– *tricolor* 47

Wachsblume,
Alpen- 24
Wachtelweizen,
Wald 52
– Wiesen 52
Waldhyazinthe,
Grünliche 180
– Zweiblättrige 180
Waldrebe, Alpen- 102
Wasserdost 86
Wegerich, Alpen- 148
– Berg- 138
– Breit- 138
– Spitz- 138
Weidenröschen,
Alpen- 58
– Kies- 57
– Mierenblättriges 58
– Schmalblättriges 57
Weißzüngel 41
Wicke, Vogel- 127
– Wald- 182
– Zaun- 127
Wiesenraute,
Akeleiblättrige 55
– Alpen- 55
– Kleine 8
Windröschen,
Dreiblättriges 173
– Narzissenblütiges 153
– Tiroler 173
Wintergrün, Kleines 165
Witwenblume,
Wald- 136
Wolfsmilch,
Mandel- 137
– Zypressen- 11
Woll-Kratzdistel 82
Wucherblume,
Alpen 179
– Sägeblättrige 179
Wundklee 44

Zahntrost, Gelber 53
Zahnwurz, Finger- 102
– Weiße 10
– Zwiebeltragende 102
Zeitlose, Alpen- 77
Ziest, Alpen- 98
Zweiblatt, Großes 141
– Kleines 141
Zwergbuchs, Alpen- 47
Zwergorchis 41
Zwergrösel 68